D1618675

Waldemar Maysenhölder

Körperschallenergie

Waldemar Maysenhölder

Körperschallenergie

Grundlagen zur Berechnung
von Energiedichten und Intensitäten

S. Hirzel Verlag · Stuttgart/Leipzig 1994

Dr. rer. nat. habil. Waldemar Maysenhölder
Fraunhofer-Institut für Bauphysik (IBP)
(Leiter: Univ.-Prof. Dr.-Ing. habil. Dr. sc. techn. h.c. Dr.-Ing. E.h. Karl A. Gertis)
Postfach 80 04 69, D-70504 Stuttgart

Die Deutsche Bibliothek - CIP-Einheitsaufnahme
Maysenhölder, Waldemar:
Körperschallenergie : Grundlagen zur Berechnung von
Energiedichten und Intensitäten / Waldemar Maysenhölder. -
Stuttgart ; Leipzig : Hirzel 1994
    ISBN 3-7776-0607-3

Die theoretische Arbeit,
überzeuge ich mich täglich mehr,
bringt mehr zustande in der Welt als die praktische;
ist erst das Reich der Vorstellung revolutioniert,
so hält die Wirklichkeit nicht aus.

Hegel an Niethammer
Bamberg, 28. Oktober 1808

Vorwort

Nachdem sich mittlerweile zwei internationale Konferenzen (1990 und 1993 in Senlis, Frankreich) mit den energetischen Aspekten von Körperschallfeldern befaßt haben, erscheint es angebracht, die theoretischen Grundlagen dieses stetig wachsenden Teilgebiets der Akustik in einer Monografie zusammenzufassen. Im Gegensatz zu fluiden Medien, für die eine ausgereifte Intensitätsmeßtechnik zur Verfügung steht, bereiten Fragen nach der Entstehung, Ausbreitung und Vernichtung von Schallenergie in festen Körpern weitaus größere Schwierigkeiten. Dies liegt daran, daß Schallfelder hier nur an der Oberfläche gemessen werden können und darüber hinaus aufgrund der Schersteife des Mediums von Natur aus komplizierter sind. (An die Stelle des skalaren Schalldrucks tritt der Spannungstensor mit sechs voneinander unabhängigen Komponenten!) Somit besteht bei der Bestimmung von Körperschallintensitäten ein erhöhter Informationsbedarf bei gleichzeitig eingeschränkten Meßmöglichkeiten. Diese Diskrepanz kann jedoch oft durch theoretische Überlegungen und durch Rechnung überwunden werden. Die Theorie der Körperschallenergie steuert daher nicht nur Wesentliches zum physikalischen Verständnis von Körperschallproblemen bei, sondern stellt auch ein unverzichtbares Werkzeug zur Entwicklung von Intensitätsmeßverfahren dar. Was in fluiden Medien durch Messung allein erledigt werden kann, erfordert in festen Körpern ein sorgfältig abgestimmtes Zusammenspiel von Messung und Rechnung.

Von einer Analyse der Körperschallenergie verspricht man sich letzten Endes wesentliche Fortschritte auf allen Gebieten der Lärmbekämpfung, bei denen Körperschall eine Rolle spielt. Die vorliegende Monografie möge dazu beitragen, daß davon etwas wahr wird. Sie führt, ausgehend von den einfachen Grundlagen, bis an den aktuellen Stand des Wissens heran und sollte sowohl für Forschung und Entwicklung als auch für die Lehre von Nutzen sein. (Grundkenntnisse der Elastodynamik erleichtern den Einstieg.) Das Thema wird zwar systematisch, jedoch keineswegs erschöpfend abgehandelt. Die vielen noch offenen Fragen – jedes Kapitel lädt dazu ein, solche zu stellen – seien Anregung und Ansporn, das hier Begonnene fortzuführen und zu vertiefen.

Dieses Buch ist aus der Habilitationsschrift des Verfassers entstanden. Obwohl jene erst vor zwei Jahren eingereicht wurde, mußten zahlreiche Ergänzungen vorgenommen werden, um die aktuellen Entwicklungen zu berücksichtigen oder wenigstens darauf zu verweisen. Das

Literaturverzeichnis wurde dabei um die Positionen [Z.1–18] erweitert; neu hinzugekommen ist außerdem der Abschnitt 5.3.

Der Verfasser dankt allen, die zum Zustandekommen dieses Buches beigetragen haben: der Gips-Schüle-Stiftung (Herr Notar K. Schunter), dem Vorstand der Fraunhofer-Gesellschaft (Herr Dr. D.-M. Polter), dem Fraunhofer-Institut für Bauphysik (Leiter: Herr Prof. K. A. Gertis), den Herren Professoren F. P. Mechel, H. Ertel, M. Heckl, M. Möser, A. D. Pierce, Herrn Dr. H. M. Fischer, Herrn Dipl.-Phys. N. König, Herrn K. Baier, Frau A.-C. Seitz, Frau K. Heymann und nicht zuletzt dem S. Hirzel-Verlag. (Hinweise auf Druckfehler oder andere Mängel werden übrigens gerne entgegengenommen.)

Stuttgart, im März 1994   W. Maysenhölder

Inhaltsverzeichnis

1 Einleitung

Im Jahre 1876 leitete Kirchhoff aus den Gleichungen der linearen Akustik eine Beziehung her, die als Erhaltungssatz für eine bestimmte Größe – „akustische Energie" genannt – aufgefaßt werden kann [1.1, zitiert nach 1.2, S. 36]: Die zeitliche Änderung der akustischen Energie in einem Volumenelement ist dem akustischen Energiefluß durch die Oberfläche des Volumenelements gleich, sofern im Innern des Volumenelements keine akustischen Energiequellen oder -senken vorhanden sind. Zur mathematischen Formulierung dieses Satzes werden die skalare Größe „akustische Energiedichte" und die vektorielle Größe „akustische Energieflußdichte" (oder „-stromdichte") eingeführt. Wenig später (1884) gelang Poynting und Heaviside die Ableitung eines entsprechenden Erhaltungssatzes für elektromagnetische Felder aus den Maxwellschen Gleichungen [1.2, a.a.O.; 1.3, S. 189].

Die Energieflußdichte des elektromagnetischen Feldes wird seit langem als Poynting-Vektor bezeichnet. Entsprechend sollte die akustische Energieflußdichte, die bisher keinen Forschernamen verliehen bekam, Kirchhoff-Vektor heißen. Stattdessen wird von „Intensität" oder „momentaner Intensität" (engl.: instantaneous intensity) gesprochen, wobei der Zusatz „akustisch" der Kürze wegen meistens fehlt. In der Regel ist weniger der Kirchhoff-Vektor selbst als vielmehr sein zeitlicher Mittelwert von Interesse, der von manchen Autoren „mittlere Intensität" (engl.: mean intensity) genannt wird. Diese Bezeichnung besitzt den Nachteil, daß aus ihr die Art der Mittelwertbildung (zeitlich, räumlich, über einen Frequenzbereich ?) nicht hervorgeht; außerdem wird im Verlauf eines Textes statt „mittlere Intensität" oft nur noch „Intensität" geschrieben. Beim Literaturstudium muß jedenfalls darauf geachtet werden, welche Größe tatsächlich gemeint ist, wenn das Wort Intensität vorkommt. In diesem Buch wird mit Intensität die zeitlich gemittelte (akustische) Energieflußdichte oder kürzer das Zeitmittel des Kirchhoff-Vektors bezeichnet. Diese Definition ist einerseits im Einklang mit der üblichen Verwendung des Begriffs Intensitätsmessung, andererseits scheint sie sich auch in theoretischen Arbeiten, vor allem auf dem Gebiet des Körperschalls, mehr und mehr durchzusetzen. Um künftig jegliche Verwirrung auszuschließen, sollte für die zeitabhängige Größe das Wort Intensität nicht mehr benutzt werden. Dafür gibt es die unmißverständliche ausführliche Bezeichnung oder, wenn man sich obigem Vorschlag anschließt, die Abkürzung Kirchhoff-Vektor.

Der Erhaltungssatz für die akustische Energie ist keine unmittelbare Folge des allgemein gültigen, von Mayer (1842) und Helmholtz (1847) entdeckten Satzes von der Erhaltung der Energie, sondern ergibt sich aus den linearisierten Gleichungen für das akustische Medium. Die gesamte mechanische Energiedichte bei einem akustischen Vorgang ist im allgemeinen von der akustischen Energiedichte verschieden; das gleiche gilt für die zeitlichen Mittelwerte dieser Größen. Solche Unterschiede sind zu beachten, wenn es um „echte" Energiebilanzen geht, bei denen mechanische Energie in andere Energieformen, insbesondere in Wärme, umgewandelt wird. In diesem Fall ist eine sorgfältige thermodynamische Behandlung angezeigt. Pierce befaßt sich in seinem Lehrbuch [1.2, S. 38] mit derartigen Fragen und gibt eine Reihe von Literaturstellen dazu an. Im Rahmen der vorliegenden, dem ungedämpften Körperschall gewidmeten Ausführungen kann auf eine Analyse der allgemeinen Energiebilanz verzichtet werden. Hier wie beim Thema Luftschallintensität beruht die Bedeutung der akustischen Energie darauf, daß sie eine Erhaltungsgröße ist. Der thermodynamische Aspekt steht im Hintergrund und wird hier nur erwähnt, um auf den übergeordneten Zusammenhang hinzuweisen und dem Entstehen allzu einfacher Vorstellungen vorzubeugen.

Der erste Versuch, den Transport akustischer Energie in Luftschallfeldern zu messen, wurde von Olson 1931 unternommen [1.4, S. 5]. Bis die Technik der Luftschallintensitätsmessung ausgereift war und schließlich auf breiter Basis und mit großem Erfolg eingesetzt werden konnte, verging geraume Zeit. Der Durchbruch gelang in den siebziger Jahren mit der Kombination von hochwertigen Kondensatormikrofonen und digitaler Signalverarbeitung (FFT-Analysatoren). Fast 60 Jahre nach Olsons Versuch erschien Fahys Monografie „Sound Intensity" [1.4], ein Standardwerk, das als Grundlage für weitere Verfeinerungen der Luftschallintensitätsmeßtechnik zur Verfügung steht.

Das Körperschallkapitel in der Geschichte der akustischen Intensitätsmeßtechnik begann erst 1970 mit einem Artikel von Noiseux [1.5]. Weitere frühe Marksteine sind die Arbeiten von Pavić [1.6], Verheij [1.7] und Rasmussen [1.8]. Alle genannten Autoren beschäftigen sich mit Messungen der Körperschallintensität in homogenen Platten, Balken oder Rohren. Als Sensoren dienen wenigstens zwei Beschleunigungsaufnehmer, die in bestimmten Anordnungen auf der Oberfläche der Körper befestigt werden. Aus den Sensorsignalen lassen sich unter gewissen Voraussetzungen die Intensitäten von Biegewellen, Longitudinal- oder Torsionswellen bestimmen. Gemeint ist jeweils die über die Plattendicke oder den Balkenquerschnitt integrierte Intensität. Im Gegensatz zur Luftschallmessung ist die Körperschallmessung auf die Oberfläche des akustischen Mediums beschränkt. Das Schallfeld im

Innern des Körpers muß aus den an der Oberfläche gewonnenen Meß-
daten erschlossen werden. Dies geschieht entweder mit Hilfe von mehr
oder weniger plausiblen Annahmen oder durch Rechnung. Bobrovnitskii [Z. 2] steuerte zu diesem Thema kürzlich eine gewichtige, mathematisch orientierte Abhandlung bei, in der Existenz, Eindeutigkeit
und Stabilität von Lösungen sowie eine Reihe von Lösungsmethoden
erörtert werden.

Je kleiner die Wellenlängen im Verhältnis zu den Abmessungen des
Körpers sind, desto schwieriger wird der Schluß vom oberflächlichen
aufs innere Schallfeld. Die zitierten Meßverfahren versagen deshalb
bei zu hohen Frequenzen. Zuverlässig bleibt einzig die von Pavić [1.9]
vorgeschlagene Messung der Oberflächenintensität. Dabei müssen fünf
Größen gemessen werden: die drei an der Oberfläche meßbaren Komponenten des Verzerrungstensors sowie die beiden zur Oberfläche parallelen Schnellekomponenten. Mißt man zusätzlich die Schnellekom-
ponente senkrecht zur Oberfläche, kann neben der potentiellen Energiedichte auch die kinetische bestimmt werden. Während bei der Luftschallmessung lediglich Schalldruck und -schnelle zu bestimmen sind,
hat man es bei der Messung von Oberflächenintensität und -energie-
dichten mit fünf oder sechs Meßgrößen zu tun. Daß bislang kaum über
derartige Messungen berichtet wurde, liegt wohl vor allem an diesem
erheblichen experimentellen Aufwand.

Das Interesse an der Messung und Berechnung von Körperschallintensitäten hat in den letzten Jahren stark zugenommen. Dies läßt sich
an der Zahl der Beiträge zu diesem Thema bei den Konferenzen über
Intensitätsmeßtechnik in Senlis (Frankreich) [1.10–12; Z. 1] ablesen: Bei
den ersten beiden waren es jeweils nur wenige; die dritte (1990) und
die vierte (1993) wurden dagegen ganz diesem Thema gewidmet. Zwanzig Jahre nach der ersten Messung durch Noiseux [1.5] wird in zahlreichen Arbeitsgruppen an der weiteren Entwicklung der Körperschall-
intensitätsmeßtechnik gearbeitet; erste Apparaturen zur berührungs-
losen Messung mit Laserlicht werden gebaut und erprobt. Der hohe
Standard, der bei der Luftschallintensität mittlerweile eine Selbstver-
ständlichkeit ist, konnte jedoch bei weitem noch nicht erreicht werden.
Die Gründe dafür sind vielfältig. Die Beschränkung der Messung auf
die Oberfläche und der zum Teil beträchtliche experimentelle Aufwand
wurden schon genannt. Hinzu kommt der Wunsch nach einer selekti-
ven Messung verschiedener Wellenarten (Biegewellen, Longitudinalwellen, etc.), die durch das Auftreten von höheren Moden oder Nahfeldern erschwert werden kann. Weiter ist ein Mangel an präzisen Ana-
lysen der Meßfehler festzustellen. Dies hängt nicht zuletzt damit zusammen, daß die Theorie der Körperschallintensität bisher noch nicht
so weit vorangetrieben wurde, wie es für so manche Weiterentwicklung der Meßtechnik eigentlich erforderlich wäre.

Trotz aller Unvollkommenheiten der Meßtechnik ist die Körperschallintensität inzwischen für etliche praktische Anwendungen interessant geworden. Im Konferenzband [1.12] findet man eine Reihe von Beispielen. Zusätzlich sei auf einige Anwendungen in der Bauakustik [1.13–17] hingewiesen. Bei der Lokalisierung von Körperschallbrücken in doppelschaligen Wänden stellte das entwickelte Meßverfahren [1.14–15] seine Vorteile eindrucksvoll unter Beweis: Mit nur sieben Meßpunkten konnte eine Schallbrücke auf ungefähr 10 cm genau lokalisiert werden. Erfolge wie dieser sind die besten Argumente gegen die Auffassung von Ffowcs Williams [1.18], der den Nutzen von akustischen Intensitätsmessungen überhaupt anzweifelt. Sie hätten keine Bedeutung für die Planung akustischer Maßnahmen und würden zum Verständnis der jeweiligen Situation nichts beitragen. Sicherlich gibt es einfache Fälle, bei denen man ohne weiteres auf eine Intensitätsmessung verzichten kann, und schwierige, bei denen die Ergebnisse einer Intensitätsmessung nicht die erhofften Hinweise zur Lösung eines Lärm- oder Schwingungsproblems liefern. Aber bei Pegelmessungen allein werden die Ideen zur Verbesserung des Schallschutzes ebensowenig „von selbst" freigesetzt. Diese entspringen – mit oder ohne Intensitätsmessung – der Intuition, der Erfahrung, dem physikalischen Verständnis der akustischen Verhältnisse. Ffowcs Williams ist zu entgegnen: Wer den Energieaspekt eines akustischen Vorgangs nicht kennt, hat diesen Vorgang nicht vollständig verstanden und entbehrt damit einer möglicherweise nutzbringenden Informationsquelle. Weniger grundsätzlich betrachtet und mehr auf den Anwendungsfall bezogen läßt sich der Sinn von Körperschallintensitätsmessungen mit den Worten von Pavić [1.9] zum Ausdruck bringen: „The usual objective of measuring the vibratory energy propagation is to locate the vibration sources, to identify the paths of energy propagation and to discover the regions of vibration absorption."

Die Meßtechnik ist dieser Aufgabe in so manchem Fall nicht in ausreichendem Maße gewachsen und bedarf daher der Weiterentwicklung. Angesichts der beträchtlichen Komplexität der meisten Körperschallfelder und der Beschränkung der Messung auf die Oberfläche kann dies ohne breitere theoretische Grundlage und begleitende Berechnungen kaum in befriedigender Weise gelingen. Der Gedanke scheint nicht abwegig, daß in Zukunft Messung und Rechnung immer enger miteinander verknüpft werden, um vielleicht auf diese Weise zu schnelleren und zuverlässigeren Körperschallanalysen zu kommen. Liefert die Messung viel Information, kann sich die Rechnung auf Ergänzung, Kontrolle und Auswertung beschränken. Umgekehrt kann die Analyse hauptsächlich aus Rechnung bestehen – bis hin zur Simulation von Körperschallproblemen mit Hilfe von Schallstrahlen oder -teilchen. Meßwerte dienen in diesem Fall als Eingabeparameter oder als Vorgaben, die durch die Rechnung reproduziert werden müssen.

Dem Umstand, daß bislang keine systematische Darstellung der Theorie der Körperschallintensität vorliegt, will dieses Buch abhelfen. Die mathematische Behandlung erfolgt im Rahmen der linearisierten Elastodynamik für nicht-piezoelektrische Materialien; Materialdämpfung und Wechselwirkungen mit fluiden Medien wie z.B. Luftschallanregung oder -abstrahlung werden nicht behandelt; die Vielfalt der Körperschallanregungen bleibt ebenfalls unberücksichtigt. In diesem Sinne wurde keine Vollständigkeit angestrebt. Die Schwerpunkte liegen bei der Formulierung allgemeingültiger Gesetzmäßigkeiten und bei analytisch exakten Lösungen für Energiedichte und Intensität in einfachen Strukturen. Um konkrete Ergebnisse und graphische Darstellungen zu erhalten, müssen zum Teil auch numerische Methoden eingesetzt werden.

Wichtige Teile dieses Buches sind in unmittelbarem Zusammenhang mit bauakustischen Fragestellungen entstanden:

– Der Abschnitt über Wellen in Platten spiegelt das Bestreben wider, die systematischen Fehler des erwähnten Meßverfahrens zur Lokalisierung von Körperschallbrücken [1.14–15] unter die Lupe zu nehmen. Das exakte theoretische Ergebnis eröffnete schließlich die Möglichkeit, das Meßverfahren nach höheren Frequenzen hin zu erweitern.

– Den Anlaß, die Schallausbreitung in periodischen Medien zu berechnen, gaben offene Fragen bei der Schalldämmung von gemauerten Wänden. Im Verlauf der theoretischen Behandlung konnten die für die Rechnung so wichtigen Gesetzmäßigkeiten wie das Rayleighsche Prinzip für laufende Wellen und der Zusammenhang zwischen Intensität, Energiedichte und Gruppengeschwindigkeit auch für periodische Medien bewiesen werden.

– Im Grenzfall tiefer Frequenzen kann eine gemauerte Wand als homogenes, im Prinzip aber anisotropes Medium angesehen werden; infolgedessen darf auch ein Abschnitt über die Akustik in anisotropen Medien nicht fehlen.

Mit diesen Bemerkungen soll auf den praktischen Bezug der theoretischen Ausführungen hingewiesen werden, der während der folgenden Kapitel in den Hintergrund tritt und erst im Kapitel „Anwendungen" wieder ausführlicher zur Sprache kommt.

2 Allgemeine Formulierungen

2.1 Grundgleichungen der Elastodynamik [2.1–8]

Ein Volumenelement im Innern eines Festkörpers befindet sich im statischen Gleichgewicht, wenn die Summe aus der Divergenz des Spannungstensors $\underline{\sigma}$ und der Volumdichte $\vec{F}$ der äußeren Kräfte verschwindet:

$$\nabla \cdot \underline{\sigma} + \vec{F} = 0. \tag{2.1.1}$$

Wir beschränken uns hier auf elastische Medien, die einem linearen Materialgesetz, dem verallgemeinerten Hookeschen Gesetz

$$\underline{\sigma} = \underline{\underline{C}} \cdot \cdot \underline{\varepsilon}, \tag{2.1.2}$$

gehorchen: Die Spannungen am Ort $\vec{r}$ werden von den Verzerrungen $\underline{\varepsilon}$ an eben diesem Ort und dem Tensor vierter Stufe $\underline{\underline{C}}$ der elastischen Konstanten bestimmt (Prinzip der lokalen Antwort). Bei inhomogenen Medien ist der Tensor $\underline{\underline{C}}$ ortsabhängig.

Im allgemeinen Fall enthält $\underline{\underline{C}}$ 21 voneinander unabhängige elastische Konstanten (trikline Symmetrie des Festkörpers). Beim elastisch isotropen Material genügen zur Charakterisierung zwei elastische Konstanten, z.B. Kompressionsmodul K und Schubmodul μ, Youngscher Modul E und Poisson-Zahl σ oder die Laméschen Konstanten λ und μ (Umrechungstabelle siehe [2.3, S. 76]). Mit letzteren vereinfacht sich (2.1.2) zu

$$\underline{\sigma} = \lambda \operatorname{Sp}(\underline{\varepsilon})\, \underline{I} + 2\mu\underline{\varepsilon} \tag{2.1.3}$$

($\underline{I}$: Einheitstensor). In vielen praktischen Anwendungen darf das Material wenigstens lokal als isotrop betrachtet werden.

In der Akustik hat man es in der Regel mit kleinen Verzerrungen zu tun, so daß der Verzerrungstensor über die linearisierte Beziehung

$$\underline{\varepsilon} = \frac{1}{2}\left[\nabla \vec{u} + (\nabla \vec{u})^{t}\right] \tag{2.1.4}$$

aus dem Verschiebungsfeld $\vec{u}$ gewonnen werden kann. (Das hochgestellte t bedeutet Transposition des Tensors.) Mit (2.1.3) und (2.1.4) erhält man für die Divergenz des Spannungstensors:

$$\nabla \cdot \underline{\sigma} = (\lambda + \mu)\nabla\nabla \cdot \vec{u} + \mu\nabla \cdot \nabla\vec{u} + (\nabla\lambda)(\nabla \cdot \vec{u}) + (\nabla\mu)\left[\nabla\vec{u} + (\nabla\vec{u})^t\right]. \quad (2.1.5)$$

Verzichtet man auf eine Beschreibung der Materialdämpfung, gelangt
man von der Kräftebilanz (2.1.1) der Elastostatik in einfacher Weise zu
den Grundgleichungen der Elastodynamik durch Addition der Volumdichte der Trägheitskräfte. Vernachlässigt man außerdem äußere Kräfte wie die Schwerkraft, lautet die Bewegungsgleichung für ein lineаres, inhomogenes, lokal isotropes Medium:

$$\rho\ddot{\vec{u}} = (\lambda + \mu)\nabla\nabla \cdot \vec{u} + \mu\nabla \cdot \nabla\vec{u}$$

$$+ (\nabla\lambda)(\nabla \cdot \vec{u}) + (\nabla\mu) \cdot (\nabla\vec{u}) + (\nabla\vec{u}) \cdot (\nabla\mu) \qquad (2.1.6)$$

(ρ: Massendichte). Diese Gleichung wurde – in etwas anderer, aber
äquivalenter Darstellung – wohl erstmals 1916 von dem Physiker Karl
Uller abgeleitet [Z.3, Gleichung (5)]. Beim homogenen Medium, bei
welchem ρ, λ und μ nicht vom Ort abhängen, verschwinden die Terme
in der zweiten Zeile von (2.1.6).

Die obigen Gleichungen werden üblicherweise durch Betrachtung
eines infinitesimal kleinen Volumenelements abgeleitet. Alternativ kann
der Lagrange-Formalismus für kontinuierliche Systeme benutzt werden. Dieser ist, obgleich weniger anschaulich, unersetzlich zur Ableitung allgemeiner Gesetzmäßigkeiten. Im Brennpunkt des Formalismus
stehen die Lagrange-Dichte L und das Hamiltonsche Prinzip. Unter
den oben genannten Voraussetzungen ist L gleich der Differenz von
kinetischer und potentieller Energiedichte:

$$L\left(\dot{u}_i, u_{i,j}, x_i\right) = e_{kin} - e_{pot},$$

$$e_{kin} = \frac{1}{2}\rho\,\dot{u}_i\dot{u}_i, \qquad e_{pot} = \frac{1}{2}\underline{\sigma} \cdot\cdot\,\underline{\varepsilon} = \frac{1}{2}u_{i,j}C_{ijkl}u_{k,l}. \qquad (2.1.7)$$

Wie in der Feldtheorie üblich wird hier die Schreibweise mit Indizes
vor der symbolischen bevorzugt, sobald dies vorteilhaft erscheint. (Es
gilt die Einsteinsche Summationskonvention; ein Index nach einem
Komma bedeutet räumliche Differentiation nach der entsprechenden

Raumkoordinate; die zeitliche Differentiation wird wie bisher durch
einen Punkt dargestellt oder aber ganz ausgeschrieben.) Bei inhomogenen Medien hängt die Lagrange-Dichte explizit vom Ort $\vec{r}$ ab, weil ρ
und $\underline{\underline{C}}$ ortsabhängig sind. Die Bewegungsgleichungen erhält man aus
dem Hamiltonschen Prinzip, das besagt, daß die Variation des Inte-
grals über die Lagrange-Dichte verschwindet:

$$\delta \int L \ \mathrm{d}t \mathrm{d}x_1 \mathrm{d}x_2 \mathrm{d}x_3 = 0. \tag{2.1.8}$$

Dabei ist zu beachten, daß an den Integrationsgrenzen keine Variation
stattfindet. Die Variation von L lautet unter Berücksichtigung der in
(2.1.7) vorhandenen Abhängigkeiten

$$\delta L = \frac{\partial L}{\partial \dot{u}_i} \delta \dot{u}_i + \frac{\partial L}{\partial u_{i,j}} \delta u_{i,j} \tag{2.1.9}$$

und führt mit Hilfe partieller Integration zu den Lagrange-Euler-Glei-
chungen (Bewegungsgleichungen, Impulsbilanz)

$$\frac{\mathrm{d}}{\mathrm{d}t}\left(\frac{\partial L}{\partial \dot{u}_i}\right) + \frac{\mathrm{d}}{\mathrm{d}x_j}\left(\frac{\partial L}{\partial u_{i,j}}\right) = 0. \tag{2.1.10}$$

Explizit erhält man

$$\rho \ddot{u}_i = \sigma_{ij,j} = C_{ijkl} u_{k,lj} + C_{ijkl,j} u_{k,l}, \tag{2.1.11}$$

was sich im lokal isotropen Fall auf die Form (2.1.6) reduziert.
        Der von der Relativitätstheorie her bekannte Energie-Impulsten-
sor besitzt hier die Komponenten

$$W_{\alpha\beta} = u_{i,\alpha} \frac{\partial L}{\partial u_{i,\beta}} - \delta_{\alpha\beta} L, \tag{2.1.12}$$

wobei die griechischen Indizes von 0 bis 3 laufen und die Koordinate
x_0 die Zeit bedeutet ($\delta_{\alpha\beta}$ Kronecker-Symbol). Mit der Vierer-Divergenz
dieser Größe lassen sich die Bilanzen für Energie und Impuls kompakt
ausdrücken:

$$W_{\alpha\beta,\beta} = -L_{,\alpha}. \tag{2.1.13}$$

Da die Lagrange-Dichte (2.1.7) nicht explizit von der Zeit abhängt, verschwindet die rechte Seite von (2.1.13) für $\alpha = 0$. Der Energieerhaltungssatz lautet daher

$$\dot{e}_{tot} + \nabla \cdot \vec{S} = 0, \qquad (2.1.14)$$

wobei die gesamte Energiedichte durch

$$e_{tot} = e_{kin} + e_{pot} = v_i \frac{\partial L}{\partial v_i} - L = W_{00} \qquad (2.1.15)$$

und die Energiestromdichte (der Kirchhoff-Vektor) durch

$$S_i = -\sigma_{ij} v_j = v_j \frac{\partial L}{\partial u_{j,i}} = W_{0i} \qquad (2.1.16)$$

gegeben sind $(v_i = \dot{u}_i)$. Bei der Impulsdichte unterscheidet man zwischen der kanonischen Impulsdichte

$$\pi_i = \frac{\partial L}{\partial \dot{u}_i} = \rho v_i \qquad (2.1.17)$$

und der Feldimpulsdichte

$$\Pi_i = u_{j,i} \frac{\partial L}{\partial \dot{u}_j} = u_{j,i} \pi_j = W_{i0}. \qquad (2.1.18)$$

Der Erhaltungssatz für die kanonische Impulsdichte ist mit der Bewegungsgleichung (2.1.11) identisch. Folglich ist die kanonische Impulsstromdichte gleich dem negativen Spannungstensor. Will man wissen, wieviel Impuls pro Zeit- und Flächeneinheit in eine bestimmte Richtung transportiert wird, muß der negative Spannungstensor mit dem Einheitsvektor der gewünschten Richtung multipliziert werden. Die Bilanz für die Feldimpulsdichte folgt aus (2.1.13) mit $\alpha = i$:

$$W_{i0,0} + W_{ij,j} = -L_{,i} = -\frac{1}{2} \rho_{,i} v_j v_j + \frac{1}{2} u_{j,k} C_{jklm,i} u_{l,m}. \qquad (2.1.19)$$

Bei inhomogenen Medien ist die rechte Seite von null verschieden, d.h. die Feldimpulsdichte ist keine Erhaltungsgröße; W_{ij} heißt Feldimpulsstromdichte. Führt man die Differentiationen in (2.1.19) aus, ergibt sich die kanonische Impulserhaltung (2.1.11). Beide Bilanzen sind offenbar äquivalent. Ein praktischer Nutzen der Feldimpulsdichte für die Elastodynamik ist gegenwärtig nicht erkennbar.

Die Drehimpulsbilanz soll hier nicht formuliert werden; es genügt zu wissen, daß der Spannungstensor in elastischen Medien ihretwegen symmetrisch sein muß. Der Schwerpunkt dieses Buchs liegt beim Energietransport. Deshalb wird die Energietransportgeschwindigkeit

$$\vec{v}_e = \frac{\vec{S}}{e_{tot}} \qquad\qquad (2.1.20)$$

eingeführt. Anders ausgedrückt: Die Energiestromdichte ist gleich Energiedichte mal Energieausbreitungsgeschwindigkeit. Für die zeitlichen Mittelwerte definiert man entsprechend:

$$\vec{c}_e = \frac{\vec{I}}{w_{tot}}. \qquad\qquad (2.1.21)$$

Der zeitliche Mittelwert $\vec{I}$ der Energiestromdichte heißt (akustische) Intensität. Beziehungen zu Phasen- und Gruppengeschwindigkeiten werden im folgenden ausführlich untersucht.

2.2 Komplexe Darstellung monofrequenter Körperschallfelder

Schallfelder mit sinusförmiger Zeitabhängigkeit werden bevorzugt und mit Vorteil durch komplexe Größen beschrieben, die aus einer ortsabhängigen komplexen Amplitude und einem komplexen Zeitfaktor bestehen. Üblicherweise wird die physikalische Größe mit dem Realteil der komplexen Größe gleichgesetzt. Die im Prinzip ebenso willkürliche Vorzeichenwahl beim komplexen Zeitfaktor wird dagegen leider nicht einheitlich getroffen. Dies hat zur Folge, daß bei Produkten und Verhältnissen von Schallfeldgrößen die Imaginärteile, die man teilweise auch anschaulich verstehen möchte und mit Namen versieht, bei verschiedener Konvention unterschiedliche Vorzeichen annehmen. Hier wird der Zeitfaktor $\exp(-i\omega t)$ benutzt. Dies entspricht der vorherrschenden Tradition der theoretischen Physik auf dem Gebiet der Wellenausbreitung. Prominente Akustiker wie Pierce [1.2], Achenbach [2.6], Junger und Veit [2.10] haben sich dieser Tradition angeschlossen, während andere ebenso prominente wie Rayleigh [2.11], Auld [2.4], Fahy [2.12; 1.4], Cremer und Heckl [2.13] oder Mechel [2.14] die Form

exp(iωt) oder das in der Elektrotechnik übliche exp(jωt) verwenden.
Vor- und Nachteile der beiden Zeitfaktoren werden in der Literatur
nur ausnahmsweise erwähnt, z.B. von Bouwkamp [2.15]. Die Entschei-
dung für eine der beiden Möglichkeiten ist in der Regel dadurch ge-
prägt, wie man's gelernt hat und welchen Vorbildern man sich anschließen will. Für die hier getroffene Wahl sprechen aber auch praktische
Gründe: es müssen weniger Minuszeichen geschrieben werden, vor
allem dann, wenn wie so oft beim Phasenfaktor einer Welle,
exp[i($\vec{k} \cdot \vec{r} - \omega t$)], der Zeitfaktor abgespalten und weggelassen wird.
   Die ortsabhängige komplexe Amplitude einer komplexen Feldgrö-
ße wird hier mit einem Großbuchstaben bezeichnet:

$$\vec{u}(\vec{r},t) \;=\; \vec{U}(\vec{r})\,\mathrm{e}^{-\mathrm{i}\omega t},$$

$$\vec{v}(\vec{r},t) \;=\; \vec{V}(\vec{r})\,\mathrm{e}^{-\mathrm{i}\omega t}, \qquad \vec{V}(\vec{r}) \;=\; -\mathrm{i}\omega\vec{U}(\vec{r}),$$

$$\underline{\varepsilon}(\vec{r},t) \;=\; \underline{E}(\vec{r})\,\mathrm{e}^{-\mathrm{i}\omega t}, \qquad \underline{\sigma}(\vec{r},t) = \underline{\Sigma}(\vec{r})\,\mathrm{e}^{-\mathrm{i}\omega t}, \qquad (2.2.1)$$

$$p(\vec{r},t) \;=\; P(\vec{r})\,\mathrm{e}^{-\mathrm{i}\omega t}, \qquad P(\vec{r}) \;=\; -\frac{1}{3}\,\mathrm{Sp}\big(\underline{\Sigma}(\vec{r})\big).$$

Bei Bedarf wird in Beträge und Phasen aufgespalten und die Schreibweise mit Indizes benutzt, z.B.

$$\Sigma_{ij} = \big|\Sigma_{ij}\big|\mathrm{e}^{\mathrm{i}\varphi_{ij}}, \qquad\qquad \varphi_{ij} = \arg\big\{\Sigma_{ij}\big\}. \qquad (2.2.2)$$

(Die Summationskonvention gilt in diesem Abschnitt nicht.) Alle an-
geführten Feldgrößen verschwinden im zeitlichen Mittel. Eine zeitlich
konstante Vorspannung des Festkörpers wird also nicht betrachtet.
   Das Verschiebungsfeld einer elastischen Welle mit dem Wellenvektor $\vec{k}$ läßt sich bequem mit einer skalaren, reellen Amplitude A und
einer auf eins normierten komplexen Polarisation $\vec{P}$ (nicht zu verwech-
seln mit dem skalaren Schalldruck in (2.2.1)) darstellen:

$$\vec{u}(\vec{r},t) = A\vec{P}\mathrm{e}^{\mathrm{i}(\vec{k}\cdot\vec{r}-\omega t)}. \qquad (2.2.3)$$

Zur Veranschaulichung der räumlichen Bewegung des Verschiebungsvektors betrachte man den Spezialfall $A = 1$ und $\vec{r} = 0$. Dann ist

$$\vec{u}(t) = \mathrm{Re}\{\vec{u}(0,t)\} = \mathrm{Re}\{\vec{P}e^{-i\omega t}\} = \begin{pmatrix} h_1 \cos(\varphi_1 - \omega t) \\ h_2 \cos(\varphi_2 - \omega t) \\ h_3 \cos(\varphi_3 - \omega t) \end{pmatrix}; \quad h_i = |P_i|. \tag{2.2.4}$$

$\vec{u}(t)$ stellt eine Raumkurve dar, die sich mit den Mitteln der Differentialgeometrie [2.16, S. 214–216] beschreiben läßt. Die Richtung der Binormalen (Senkrechte auf der Schmiegungsebene)

$$\dot{\vec{u}} \times \ddot{\vec{u}} = -\omega^3 \begin{pmatrix} h_2 h_3 \sin(\varphi_2 - \varphi_3) \\ h_3 h_1 \sin(\varphi_3 - \varphi_1) \\ h_1 h_2 \sin(\varphi_1 - \varphi_2) \end{pmatrix} \tag{2.2.5}$$

ist unabhängig von der Zeit, d.h. die Bewegung findet in einer Ebene statt und beschreibt i.a. eine Ellipse. Dies kann man auch unmittelbar daraus entnehmen, daß die Bewegung durch die Überlagerung der beiden Vektoren $\mathrm{Re}\{\vec{P}\}$ und $\mathrm{Im}\{\vec{P}\}$, die eine Ebene aufspannen, zustande kommt. Die Richtungen und Längen der Halbachsen findet man als Extremwerte von $|\vec{u}(t)|$, die zu den Zeiten t_e angenommen werden. Da sich benachbarte Zeiten t_e lediglich um $\pi/2\omega$ unterscheiden, genügt es, die Bestimmungsgleichung für t_e,

$$\tan(2\omega t_e) = \frac{h_1^2 \sin(2\varphi_1) + h_2^2 \sin(2\varphi_2) + h_3^2 \sin(2\varphi_3)}{h_1^2 \cos(2\varphi_1) + h_2^2 \cos(2\varphi_2) + h_3^2 \cos(2\varphi_3)}, \tag{2.2.6}$$

einmal zu lösen. Die Bewegung des Verschiebungsvektors mit der Kreisfrequenz ω ist also durch sechs reelle skalare Größen oder durch den komplexen Vektor $A\vec{P}$ vollständig beschrieben. In speziellen Fällen entartet die Ellipse zu einem Kreis oder zu einer geraden Strecke. Ist letztere parallel zum Wellenvektor, spricht man von longitudinaler Polarisation, falls der Wellenvektor senkrecht auf dieser Strecke oder auf der Bewegungsebene steht, von transversaler Polarisation.

Eine geometrische Veranschaulichung der Verzerrungen und Spannungen als Funktion der Zeit erfordert einen wesentlich höheren Aufwand. Im Fall der Verzerrungen bietet sich an, die Verformung einer Kugel zu einem Ellipsoid darzustellen. Das läuft darauf hinaus, den Tensor $\underline{I} + \underline{\varepsilon}$ auf Diagonalform zu transformieren. Der Verzerrungszustand wird so durch die Orientierung und die Länge der Halbachsen

des Ellipsoids (sechs reelle Zahlen) charakterisiert. Die zeitliche Veränderung des Ellipsoids müßte als Bildfolge (Film) dargestellt werden.
Mit den Spannungen verfährt man entsprechend; die Abweichungen
des Ellipsoids von der Kugel des spannungsfreien Referenzzustandes
sind dann als Spannungen zu interpretieren.

Alternativ zur Bildfolge von Ellipsoiden könnte man separat die
Bewegung einer jeden Halbachse verfolgen und wie beim Verschiebungsvektor als Ellipse im Raum darstellen. In einfachen Fällen (vielleicht bei zweidimensionalen Problemen) mag auch auf diese Weise
eine Veranschaulichung des zeitlichen Verlaufs von Verzerrungen und
Spannungen gelingen. Ansonsten dürfte die menschliche Vorstellungs-
kraft mit dieser Art der Darstellung schnell überfordert sein. Die Darstellung als Bildfolge ist sicherlich vorzuziehen. Eine Realisierung auf
einem Farbgrafikbildschirm, die es erlaubt, die Oberfläche des Ellipsoids verschieden zu färben, je nachdem, ob sie innerhalb oder außerhalb der Referenzkugel verläuft, wäre ein willkommenes Hilfsmittel
in Forschung und Lehre.

Um energetische Größen wie Energiedichten und Intensitäten zu
berechnen, müssen Produkte von Feldgrößen gebildet werden. Da sich
bei der Produktbildung komplexer Größen die Real- und Imaginärteile der Ausgangsgrößen vermischen, darf der Realteil des Produkts nicht
gedankenlos mit der physikalischen Größe gleichgesetzt werden. Um
zu klären, wie die komplexe Schreibweise korrekt und sinnvoll bei Produkten zu handhaben ist, betrachten wir die beiden komplexen Variablen

$$a = Ae^{i(\alpha - \omega t)}, \qquad b = Be^{i(\beta - \omega t)} \qquad\qquad (2.2.7)$$

($A, B > 0$; α, β reell), das Produkt ihrer Realteile

$$\mathrm{Re}\{a\}\,\mathrm{Re}\{b\} = \frac{1}{2}AB\big[\cos(\alpha - \beta) + \cos(\alpha + \beta - 2\omega t)\big] \qquad (2.2.8)$$

und das komplexe Produkt aus a und dem Konjugiert-Komplexen von
b, das nicht mehr von der Zeit abhängt:

$$ab^{*} = ABe^{i(\alpha - \beta)} = AB\big[\cos(\alpha - \beta) + i\sin(\alpha - \beta)\big]. \qquad (2.2.9)$$

Man sieht sofort, daß der zeitliche Mittelwert der physikalischen Größe (2.2.8) mit dem Realteil des komplexen Produkts (2.2.9) zusammen-
hängt:

$$\langle \mathrm{Re}\{a\}\,\mathrm{Re}\{b\}\rangle_t = \frac{1}{2}\,\mathrm{Re}\{ab^*\} = \frac{1}{2}\,\mathrm{Re}\{a^*b\}. \tag{2.2.10}$$

Im Gegensatz zu den Feldgrößen (2.2.1) ist der zeitliche Mittelwert hier i.a. von null verschieden. Um diesen Mittelwert oszilliert das Produkt mit der Amplitude $AB/2$, die man ebenfalls aus ab^* ermitteln kann, wenn man den Imaginärteil zuhilfe nimmt:

$$\alpha - \beta = \arctan\frac{\mathrm{Im}\{ab^*\}}{\mathrm{Re}\{ab^*\}},\quad AB = \frac{\mathrm{Re}\{ab^*\}}{\cos(\alpha - \beta)}\quad\text{oder}\quad\frac{\mathrm{Im}\{ab^*\}}{\sin(\alpha - \beta)}. \tag{2.2.11}$$

Die Phase $\alpha + \beta$ der Oszillation kann aus dem komplexen Produkt (2.2.9) allerdings nicht mehr festgestellt werden. Dazu müßte man etwa das (zeitabhängige) Produkt ab mit heranziehen. Das Produkt (2.2.8) läßt sich abgesehen von der Phasenlage vollständig und explizit durch ab^* ausdrücken:

$$\begin{aligned}
\mathrm{Re}\{a\}\,\mathrm{Re}\{b\} &= \frac{1}{2}\Big[\mathrm{Re}\{ab^*\} + \mathrm{Re}\{ab^*\}\cos[2(\alpha - \omega t)]\,\Big]\\[2mm]
&\quad + \mathrm{Im}\{ab^*\}\sin[2(\alpha - \omega t)]\\[2mm]
&= \frac{1}{2}\,\mathrm{Re}\Big\{ab^*\big[1 + e^{-2i(\alpha - \omega t)}\big]\Big\}.
\end{aligned} \tag{2.2.11a}$$

Es geht immer mehr Information verloren: Die beiden Variablen a und b werden durch insgesamt vier (reelle) Parameter bestimmt (ω wird nicht mitgezählt), das Produkt (2.2.8) ihrer Realteile durch drei Parameter (A und B können daraus nicht mehr separiert werden) und die komplexe Zahl ab^* durch zwei Parameter. Der Nutzen des Produkts ab^* besteht darin, daß die zwei Parameter, nämlich Zeitmittel und Amplitude der Oszillation bzw. Phasendifferenz zwischen a und b, gemeinhin die wichtigsten sind. Die absolute Phase α oder β interessiert oft nicht und kann durch entsprechende Verschiebung des Zeitnullpunktes zum Verschwinden gebracht werden.

Zur Berechnung der energetischen Größen müssen obige Beziehungen auf Produkte zwischen Skalaren, Vektoren und Tensoren verallgemeinert werden. Für die kinetische Energiedichte ergibt sich

$$e_{kin} = \frac{\rho}{2} \operatorname{Re}\{\vec{v}\} \cdot \operatorname{Re}\{\vec{v}\} = \frac{\rho}{4}\left\{|V_1|^2 + |V_2|^2 + |V_3|^2\right\} \cdot$$

$$\cdot\left[1 + f_{kin} \cos(\varphi_{kin} - 2\omega t)\right],$$

$$f_{kin} = \frac{\sqrt{Z^2 + N^2}}{|V_1|^2 + |V_2|^2 + |V_3|^2}, \qquad \varphi_{kin} = \arctan\frac{Z}{N},$$

(2.2.12)

$$Z = |V_1|^2 \sin 2\varphi_1 + |V_2|^2 \sin 2\varphi_2 + |V_3|^2 \sin 2\varphi_3,$$

$$N = |V_1|^2 \cos 2\varphi_1 + |V_2|^2 \cos 2\varphi_2 + |V_3|^2 \cos 2\varphi_3$$

(φ_i: Phasen der V_i). Sie oszilliert um den zeitlichen Mittelwert

$$\langle e_{kin}\rangle_t = w_{kin} = \frac{\rho}{4} \vec{V} \cdot \vec{V}^* = \frac{\rho}{4}\left(|V_1|^2 + |V_2|^2 + |V_3|^2\right) \qquad (2.2.13)$$

mit einer Amplitude, die nicht größer ist als der Mittelwert selbst. Bei einer zirkular polarisierten Welle (z.B. $|V_1| = |V_2| = 0$, $|V_3| \neq 0, \varphi_1 = 0°$, $\varphi_2 = 90°$) findet keine Oszillation statt ($f_{kin} = 0$), während sie bei linearer Polarisation maximal ist ($f_{kin} = 1$). Eine (2.2.11a) entsprechende Beziehung existiert i.a. nicht. (Die Zeitunabhängigkeit von e_{kin} bei der zirkular polarisierten Welle ist mit der Form (2.2.11a) nicht vereinbar.)
Entsprechend erhält man für die potentielle Energiedichte

$$e_{pot} = \frac{1}{2} \operatorname{Re}\{\underline{\sigma}\} \cdot\cdot \operatorname{Re}\{\underline{\varepsilon}\} = w_{pot}\left[1 + f_{pot} \cos(\varphi_{pot} - 2\omega t)\right],$$

$$f_{pot} = \frac{\sqrt{Z^2 + N^2}}{4w_{pot}}, \qquad \varphi_{pot} = \arctan\frac{Z}{N},$$

$$Z = \sum_{ij}|\Sigma_{ij}||E_{ij}|\sin(\varphi_{ij} + \psi_{ij}),$$

(2.2.14)

$$N = \sum_{ij}|\Sigma_{ij}||E_{ij}|\cos(\varphi_{ij} + \psi_{ij}),$$

$$\left\langle e_{pot} \right\rangle_t \;=\; w_{pot} \;=\; \frac{1}{4}\operatorname{Re}\{\underline{\underline{\Sigma}} \cdot\cdot \,\underline{\underline{E}}\,{}^*\} = \frac{1}{4}\underline{\underline{\Sigma}} \cdot\cdot \,\underline{\underline{E}}\,{}^*$$

$$= \frac{1}{4}\sum_{ij}\left|\Sigma_{ij}\right|\left|E_{ij}\right|\cos\!\left(\varphi_{ij}-\psi_{ij}\right) \qquad (2.2.15)$$

(φ_{ij}, ψ_{ij}: Phasen der Σ_{ij} bzw. E_{ij}, $0 \le f_{pot} \le 1$). Wie bei der kinetischen Energiedichte verschwindet der Imaginärteil des komplexen Produkts,

$$\frac{1}{4}\operatorname{Im}\{\underline{\underline{\Sigma}} \cdot\cdot \,\underline{\underline{E}}\,{}^*\} = \frac{1}{4}\sum_{ij}\left|\Sigma_{ij}\right|\left|E_{ij}\right|\sin\!\left(\varphi_{ij}-\psi_{ij}\right) = 0, \qquad (2.2.16)$$

weil der Tensor $\underline{\underline{C}}$ der elastischen Konstanten im verallgemeinerten Hookeschen Gesetz (2.1.2) reell und symmetrisch ist.

Schließlich folgt für den Kirchhoff-Vektor (Energiestromdichte) und die Intensität (zeitlicher Mittelwert; φ_{ij}, ψ_j: Phasen der Σ_{ij} bzw. V_j):

$$S_i \;=\; -\sum_j \operatorname{Re}\{\sigma_{ij}\}\operatorname{Re}\{v_j\} = I_i\big[1 + f_i\cos(\varphi_i - 2\omega t)\big],$$

$$f_i \;=\; \frac{\sqrt{Z_i^2 + N_i^2}}{2|I_i|}, \qquad\qquad \varphi_i = \arctan\frac{Z_i}{N_i}, \qquad\qquad (2.2.17)$$

$$Z_i \;=\; \sum_j \left|\Sigma_{ij}\right|\left|V_j\right|\sin\!\left(\varphi_{ij}+\psi_j\right),$$

$$N_i \;=\; \sum_j \left|\Sigma_{ij}\right|\left|V_j\right|\cos\!\left(\varphi_{ij}+\psi_j\right),$$

$$\left\langle S_i \right\rangle_t \;=\; I_i \;=\; -\frac{1}{2}\operatorname{Re}\{\underline{\underline{\Sigma}} \cdot \vec{V}^{\,*}\}_i$$

$$= -\frac{1}{2}\sum_j \left|\Sigma_{ij}\right|\left|V_j\right|\cos\!\left(\varphi_{ij}-\psi_j\right). \qquad\qquad (2.2.18)$$

Inzwischen ist auch eine komplexe Körperschallintensität definiert worden [2.17], und zwar gemäß

$$\vec{I}_c = \vec{I} + i\vec{Q},$$

$$Q_i = -\frac{1}{2}\text{Im}\{\underline{\Sigma} \cdot \vec{V}^*\}_i = -\frac{1}{2}\sum_j |\Sigma_{ij}||V_j|\sin(\varphi_{ij} - \psi_j). \tag{2.2.19}$$

Die Bedeutung des Imaginärteils $\vec{Q}$ ist Gegenstand des folgenden Abschnitts 2.3.

Die Beziehungen werden erheblich einfacher, wenn man mit

$$\underline{\sigma} = -p\underline{I}, \qquad\qquad \underline{\Sigma} = -P\underline{I},$$

$$\underline{\varepsilon} = \frac{-p}{3\rho c^2}\underline{I}, \qquad\qquad \underline{E} = \frac{-P}{3\rho c^2}\underline{I} \tag{2.2.20}$$

zum Luftschall übergeht (Φ, ψ_i: Phasen von P bzw. V_i):

$$e_{pot} = \frac{1}{2\rho c^2}[\text{Re}\{P\}]^2 = \frac{|P|^2}{4\rho c^2}[1 + \cos[2(\Phi - \omega t)]], \tag{2.2.21}$$

$$w_{pot} = \langle e_{pot}\rangle_t = \frac{|P|^2}{4\rho c^2} = \frac{1}{4\rho c^2}\text{Re}\{PP^*\}, \tag{2.2.22}$$

$$S_i = \text{Re}\{P\}\text{Re}\{V_i\} = I_i[1 + f_i\cos(\varphi_i - 2\omega t)],$$

$$f_i = \frac{1}{\cos(\Phi - \psi_i)}, \qquad\qquad \varphi_i = \Phi + \psi_i, \tag{2.2.23}$$

$$I_i = \frac{1}{2}|P||V_i|\cos(\Phi - \psi_i). \qquad Q_i = \frac{1}{2}|P||V_i|\sin(\Phi - \psi_i).$$

Da die Schnelle über die Impulsbilanz aus der Druckverteilung vollständig bestimmt werden kann,

$$\vec{V} = \frac{\nabla(|P|e^{i\Phi})}{i\omega\rho} = \frac{1}{\omega\rho}[|P|\nabla\Phi - i\nabla|P|]e^{i\Phi}, \tag{2.2.24}$$

lassen sich Real- und Imaginärteil der komplexen Intensität durch die reellen Funktionen $|P|$ und Φ ausdrücken:

$$\vec{I} = \frac{|P|^2 \nabla \Phi}{2\omega\rho}, \qquad \vec{Q} = \frac{|P|\nabla|P|}{2\omega\rho}. \tag{2.2.25}$$

Entsprechend (2.2.11a) reichen $\vec{I}$ und $\vec{Q}$ zur Beschreibung der zeitlichen Abhängigkeit der akustischen Energiestromdichte aus:

$$\begin{aligned} \vec{S} &= \vec{I} + \vec{I}\cos\left[2(\Phi - \omega t)\right] + \vec{Q}\sin\left[2(\Phi - \omega t)\right] \\[2mm] &= \text{Re}\left\{\vec{I}_c\left(1 + \exp\left[-2i(\Phi - \omega t)\right]\right)\right\}. \end{aligned} \tag{2.2.26}$$

Die Gültigkeit der Impulsbilanz (2.2.24) ist für diese Form nicht notwendig; sie gälte auch für beliebige Phasen ψ_i und ist folglich für ein beliebiges Produkt aus einer skalaren und einer vektoriellen physikalischen Größe anwendbar, sofern beide mit der Frequenz ω oszillieren. Der Beitrag [2.18] enthält eine ansprechende grafische Darstellung der ersten Zeile von (2.2.26).

2.3 Reaktive Körperschallintensität

Der Imaginärteil $\vec{Q}$ der komplexen Intensität (2.2.19) wird reaktive Intensität oder Blindintensität genannt, während der Realteil, die aktive Intensität oder Wirkintensität, meistens als Intensität schlechthin bezeichnet wird. Diese Begriffe wurden vermutlich 1964 in die Akustik eingeführt [2.19] in Anlehnung an die elektrotechnischen Größen Blindleistung und Wirkleistung. Im Gegensatz zum Elektrotechniker, der mit den „blinden Größen" (Blindleistung, Blindstrom, Blindwiderstand, Blindleitwert) ganz selbstverständlich umzugehen versteht, macht sich der Akustiker immer wieder Gedanken darüber, was Blindintensität eigentlich bedeutet und wozu man sie gebrauchen kann. Einige Zitate sollen dies verdeutlichen.

„Analysis from complex acoustic intensity offers a complete description of acoustic fields: vectorial net (energy) flow by active intensity and transfer mechanisms by reactive intensity" schreibt Pascal in der englischen Zusammenfassung von [2.20]. In der Tat kann man aus den Größen $\vec{I}$ und $\vec{Q}$ für Luftschall (siehe Gl. (2.2.24–25)) die Schallschnelle (je Komponente eine Amplitude und eine Phase) vollständig bestimmen, wenn man Amplitude und Phase des Schalldrucks als bekannt voraussetzt. Wie die Blindintensität den Energietransportmechanismus charakterisiert, wird allerdings nicht weiter ausgeführt.

Elko und Tichy [2.21] versuchen eine etwas ausführlichere Erklärung: „The reactive intensity has been shown to be useful in locating acoustic sources and sinks in a highly reactive environments (sic!) ... The reactive intensity is, a vector quantity and its magnitude is equal to the wattless power per unit area stored in the sound field. It is useful in identifying acoustic near fields, standing wave directions, and spatial minima and maxima of the potential energy." Die Flüchtigkeit, die hier in drei Sätzen für zwei Druckfehler verantwortlich ist, spürt man auch auf der begrifflichen Ebene. Sprachlich korrekt wird Leistung abgegeben oder verbraucht oder auch bereit gestellt. Was gespeichert wird und was fließt, ist die Energie und nicht die Leistung, obwohl häufig der Ausdruck „power flow" anstatt des korrekten „energy flow" benutzt wurde und weiter benutzt wird. Immerhin nennt das Zitat zwei Beispiele, bei denen Blindintensität auftritt, nämlich in Nahfeldern (insbesondere bei Kugelwellen) und in stehenden Wellen. Die Lokalisierung von Schallquellen scheint aber, um Pascal nochmals zu zitieren [2.22], mit Schwierigkeiten verbunden zu sein: „Reactive intensity has become a powerfull tool for the understanding of acoustic field structure but its relation with the sources are complicated." Wie das „mächtige Werkzeug" für das Verständnis nutzbar gemacht werden soll, bleibt unklar.

Auch wenn man Fahys Monografie über Luftschallintensität [1.4, S. 54] zu Rate zieht, bekommt man keine vollständig befriedigenden Antworten: „In all time stationary acoustic fields, except the very special case of the plane travelling (progressive) wave, the instantaneous intensity may be split into two components: (i) an active component, of which the time-average (mean) value is non-zero, corresponding to local net transport of sound energy; and (ii) a reactive component, of which the time-average value is zero, corresponding to local oscillatory transport of energy. At any one frequency, these two intensity components are associated with the components of particle velocity which are, respectively, in phase and in quadrature with the acoustic pressure." Die Eigenschaft, mit welcher die reaktive Komponente charakterisiert wird, nämlich lokaler oszillierender Energietransport, trifft ebenso auf die aktive Komponente zu (siehe Gl. (2.2.26)), ist deshalb kein unterscheidendes Merkmal. Den Nutzen der Blindintensität bei der Lokalisierung von Schallquellen zieht Fahy [1.4, S. 166] in Zweifel: „Unfortunately, it is not a very helpful indicator, because reactive intensity tends to be most strong in the close vicinity of very inefficient radiators, and relatively weak in regions of efficient radiation. It is also strong in reverberant fields in enclosures, ..., in which regions of concentration of reactive intensity in no way indicate the presence of active sources as revealed by the convergence of the reactive vectors."

Die Lektüre deutscher Literatur hilft nicht weiter. Mechel [2.14, S. 28] gibt zwar die Definition der Blindintensität, enthält sich aber jeglicher Interpretation. Vielleicht sollte man, wie in der Physik bei den Fragen nach Energie und Materie oder nach dem Elektron, weniger fragen „Was ist ... ?" als „Wie verhält sich ... ?". Die Grundlage dazu bilden Gleichungen für Real- und Imaginärteil der komplexen Luftschallintensität. Sie gelten außerhalb von Schallquellen unter Vernachlässigung der Absorption ($k = \omega / c$):

$$\nabla \cdot \vec{I} = 0, \qquad \nabla \cdot \vec{Q} = 2\omega\left(w_{kin} - w_{pot}\right) = 2\omega\langle L\rangle_t, \qquad (2.3.1)$$

$$\nabla \times \vec{I} = \frac{k\vec{Q} \times \vec{I}}{cw_{pot}}, \qquad\qquad \nabla \times \vec{Q} = 0. \qquad\qquad (2.3.2)$$

$$\vec{Q} = \frac{c}{k}\nabla w_{pot}. \qquad\qquad (2.3.3)$$

Gl. (2.3.1a) ist die differentielle Formulierung der Energieerhaltung, (2.3.1b) geht auf [2.19], (2.3.2) auf [2.23] und (2.3.3) auf [2.24] zurück. Die letzte Gleichung gilt nur für homogene Medien, d.h. Medien mit konstanter Schallgeschwindigkeit und konstanter mittlerer Dichte, und folgt unmittelbar aus den Gl. (2.2.22) und (2.2.25b). Das Feld der Blindintensität ist wirbelfrei und seine Quellen sind durch den zeitlichen Mittelwert der Differenz zwischen kinetischer und potentieller Energiedichte bestimmt. Aus der Wirbelfreiheit folgt, daß sich $\vec{Q}$ als Gradient eines Potentials darstellen läßt [2.16, S. 470]. Im homogenen Medium ist dieses Potential wegen (2.3.3) proportional zur mittleren potentiellen Energiedichte. Das Vektorfeld $\vec{Q}$ ist dann orthogonal auf den Linien konstanter Schalldruckamplitude und zeigt an jedem Ort in die Richtung zunehmender Druckamplitude. (Wenn man mit dem Zeitfaktor $\exp(+i\omega t)$ arbeitet, ergibt sich die entgegengesetzte Richtung.)

Nach (2.3.2a) läßt sich die Rotation der (Wirk-)Intensität mit Hilfe der Blindintensität ohne Differentiation gewinnen. Diese Rotation ist dann von null verschieden, wenn $\vec{I}$ und $\vec{Q}$ von null verschieden und nicht parallel sind. Mit Hilfe der Formulierung (2.2.26) sieht man (die Energiestromdichte ist beim Luftschall immer parallel zur Schallschnelle), daß die Teilchen nicht mehr gerade, sondern elliptische Wege zurücklegen, wenn die Rotation der Intensität ungleich null ist [2.20; 2.23]. Die Richtung der Normalen auf der Ellipsenebene ist durch den Rotationsvektor gegeben.

Wenn die Rotation der Intensität von null verschieden ist, kann es geschlossene Intensitätsfeldlinien geben. Damit verbindet man die Vorstellung, daß Energie „im Kreis herum" fließt, was aber nach Fahy [1.4, S. 65] irreführend sein kann. Ohne dies näher auszuführen, verweist er auf die Arbeit [2.25], die einen solchen „Wirbel" (engl.: vortex) ausführlich untersucht. Die Diskussion der Bahnlinien einzelner „Energiepakete" (siehe [2.25, Fig. 21]) läßt jedoch die wünschenswerte Klarheit leider vermissen. In diesem Buch werden Beispiele mit Intensitätswirbeln nur am Rande erwähnt; es wird daher an dieser Stelle auf eine abschließende Klärung der Verhältnisse verzichtet, zumal die Beschreibung des zeitlichen Verlaufs der Energiestromdichte im Festkörper i.a. wesentlich komplizierter ist als in Luft (s.u.).

Es dürfte inzwischen nicht klarer geworden sein, was Blindintensität eigentlich ist. Mit ihrer Hilfe lassen sich aber andere, physikalisch anschauliche Größen ausrechnen, nämlich

- die Energiestromdichte als Funktion der Zeit (2.2.26)
- das Zeitmittel der Lagrange-Dichte
- die Rotation der Wirkintensität

und in homogenen Medien

- der Gradient der mittleren potentiellen Energiedichte.

So gesehen kann man sich damit begnügen, die Blindintensität als nützliche Hilfsgröße zur Berechnung anderer Größen zu betrachten, ohne sich den Kopf über Namen und Bedeutung dieser Hilfsgröße zu zerbrechen und sich stattdessen zur Charakterisierung eines Luftschallfeldes der vertrauten Größen wie Betrag und Phase des Drucks, Schnelle, Energiedichten und Wirkintensität zu bedienen. Die Schwierigkeit (oder Unmöglichkeit?), für die Blindintensität eine anschauliche Vorstellung zu entwickeln, dürfte darin begründet liegen, daß sie zwar eine Größe zweiter Ordnung ist (Produkt zweier elementarer Feldgrößen erster Ordnung), aber die Blindenergie, die „fließt", selbst im schallquellen- und absorptionsfreien Raum nicht erhalten bleibt. Sie quillt hervor, wo sich im Zeitmittel mehr kinetische als potentielle Energie befindet, und versinkt, wo die potentielle Energie überwiegt. Fahy kommentiert diese Aussage von Gl. (2.3.1b) folgendermaßen [1.4, S. 67]: „One physical interpretation of eqn (...) is that a local difference between mean potential and kinetic energy densities can be likened to a 'source' of reactive intensity: I consider this interpretation to have little physical justification." Diesem subjektiven Urteil, das ohne Begründung verkündet wird, kann sich ein Theoretiker nicht gedankenlos anschließen. Immerhin ist durch Gl. (2.3.1b) die Blindintensität in einfacher und direkter Weise mit der fundamentalen Größe Lagrange-Dichte, die ein dynamisches System unter Voraussetzung des Hamilton-

schen Prinzips vollständig beschreibt, verknüpft. Vielleicht gelingt es
doch noch, tiefere Zusammenhänge aufzudecken. Es ist jedenfalls bemerkenswert, daß diese Gleichung wie die Energieerhaltung (2.3.1a)
auch für beliebige Körperschallfelder in homogenen wie inhomogenen Medien, seien sie elastisch isotrop oder anisotrop, gültig ist, während die anderen Gleichungen, bei denen sich ebenfalls eine Übertragung auf Körperschallfelder anbieten würde, nämlich (2.2.26), (2.3.2)
und (2.3.3), im Festkörper i.a. nicht erfüllt sind. Dies wird im folgenden bewiesen.

Ausgehend von (2.2.18–19) berechne man die Divergenz der komplexen Intensität:

$$\nabla \cdot \vec{I}_c = -\frac{i\omega}{2}\left[\underline{\Sigma} \cdot \cdot \left(\nabla \vec{U}^*\right) + (\nabla \cdot \underline{\Sigma}) \cdot \vec{U}^*\right]. \tag{2.3.4}$$

Unter der üblichen Annahme eines symmetrischen Spannungstensors
läßt sich der Gradient des Verschiebungsfeldes durch den Verzerrungstensor ersetzen:

$$\underline{\Sigma} \cdot \cdot \left(\nabla \vec{U}^*\right) = \underline{\Sigma} \cdot \cdot \underline{E}^* = 4w_{pot}. \tag{2.3.5}$$

Der zweite Term in (2.3.4) läßt sich mit Hilfe der Form

$$i\omega\rho\vec{V} + \nabla \cdot \underline{\Sigma} = 0 \tag{2.3.6}$$

der Bewegungsgleichung für zeitharmonische Vorgänge ohne Volumen-
kräfte in die kinetische Energiedichte überführen:

$$\nabla \cdot \vec{I}_c = 2i\omega\left(w_{kin} - w_{pot}\right) = 2i\omega\langle L\rangle_t. \tag{2.3.7}$$

Die Divergenz der komplexen Intensität ist rein imaginär und der
Imaginärteil stimmt mit (2.3.1b) überein. Damit sind beide Gleichungen (2.3.1) für allgemeine Körperschallfelder bewiesen.

Daß die anderen genannten Gleichungen im Festkörper i.a. nicht
gelten, wird durch möglichst einfache Gegenbeispiele bewiesen:

Gegenbeispiel 1: Zirkular polarisierte Scherwelle

Die zeitliche Abhängigkeit der Energiestromdichte kann bei einer zirkular polarisierten Scherwelle in einem homogenen, isotropen Medium, z.B. mit

$$\vec{V} = v_0 \begin{pmatrix} 1 \\ \mathrm{i} \\ 0 \end{pmatrix} \mathrm{e}^{\mathrm{i}kz}, \qquad (2.3.8)$$

nicht durch eine Gleichung von der Art (2.2.26) beschrieben werden, da der Energiefluß zeitlich konstant ist. Mit dem Spannungstensor

$$\underline{\Sigma} = \rho v_0 c_t \begin{pmatrix} 0 & 0 & -1 \\ 0 & 0 & -\mathrm{i} \\ -1 & -\mathrm{i} & 0 \end{pmatrix} \mathrm{e}^{\mathrm{i}kz} \qquad (2.3.9)$$

(c_t: Scherwellengeschwindigkeit) ergibt sich nach (2.2.18–19)

$$\vec{I} = \rho v_0^2 c_t \vec{e}_z, \qquad \bar{Q} = 0 \qquad (2.3.10)$$

($\vec{e}_z$: Einheitsvektor in z-Richtung) und nach (2.2.17)

$$\vec{S}(t) = \rho v_0^2 c_t \vec{e}_z \left[\cos^2(kz - \omega t) + \sin^2(kz - \omega t) \right] = \vec{I}. \qquad (2.3.11)$$

Dieser Energiefluß teilt sich auf in die Beiträge der beiden linear polarisierten, um 90° gegeneinander verschobenen Scherwellen, die sich zur zirkular polarisierten Welle überlagern. Aufgrund der Orthogonalität der Teilwellen sind die Energieflüsse additiv, und die Zeitabhängigkeit verschwindet wegen der 90°-Verschiebung. Dies ist mit Gl. (2.2.26) nicht vereinbar, d.h. daß die entsprechende Gleichung in [2.17, eq. (4)] nicht allgemein gültig ist. Dort wird stillschweigend angenommen, daß die Phasen der Spannungskomponenten und der Schnellekomponenten jeweils untereinander gleich sind, was keineswegs immer der Fall ist (in (2.2.17): alle φ_{ij} sind gleich und alle ψ_j sind gleich; damit sind $\vec{I}$ und $\bar{Q}$ parallel). Eine Analyse der Gl. (2.2.17–19) zeigt, daß es genügt, wenn die Phasen der Schnellekomponenten untereinander gleich oder um 180° verschoben sind (lineare Polarisation), um den Zeitverlauf des Energieflusses mit $\vec{I}$ und $\bar{Q}$ als

$$S_i = I_i + I_i \cos\left[2(\varphi_i - \omega t)\right] + Q_i \sin\left[2(\varphi_i - \omega t)\right]$$

$$= I_i\left\{1 + f_i \cos\left[2(\varphi_i - \omega t) - \gamma_i\right]\right\},$$

$$\text{(2.3.12)}$$

$$I_i f_i = \sqrt{I_i^2 + Q_i^2}, \qquad \tan \gamma_i = \frac{Q_i}{I_i}$$

schreiben zu können (keine Summe über i!). Im Unterschied zu (2.2.26) können die Phasen φ_i für die drei Energieflußkomponenten verschieden sein. Lokal läßt sich die gemeinsame Phase der Schnellekomponenten durch eine Zeit- oder Koordinatentransformation zu null machen. Dies erlaubt die Bestimmung der φ_i aus $\vec{I}$ und $\vec{Q}$. Die absolute Phasenlage von $\vec{S}$ bzw. deren örtliche Veränderung kann jedoch wie bei (2.2.26) nicht aus $\vec{I}$ und $\vec{Q}$ berechnet werden.

Daß (2.3.12) nicht allgemein gilt, kann auch mit einem anderen einfachen Beispiel gezeigt werden: Der Energiefluß einer Biegewelle ist ebenfalls zeitlich konstant [2.13, S. 107]; die Schnellekomponenten in Ausbreitungsrichtung und senkrecht zur Platte sind wie bei der zirkular polarisierten Scherwelle um 90° gegeneinander verschoben [2.26]. Dies hätte in [2.17] erkannt werden müssen. Bei der Quasi-Longitudinalwelle ist diese Phasenverschiebung zwar auch vorhanden, der Energiefluß zeigt aber die sinusförmige Zeit- und Ortsabhängigkeit wie bei der Longitudinalwelle im unendlich ausgedehnten Medium [2.13, S. 84].

Gegenbeispiel 2: Schwingendes Kompressionszentrum

Das Verschiebungsfeld

$$\vec{u}(\vec{r}, t) = \frac{A k_l^2 \mathrm{e}^{-\mathrm{i}\omega\left(t - \frac{r}{c_l}\right)} \vec{e}_r}{4\pi\rho c_l^2}\left\{\frac{1}{(k_l r)^2} - \frac{\mathrm{i}}{(k_l r)}\right\}, \qquad r \geq R > 0 \quad \text{(2.3.13)}$$

(A: Amplitude; c_l: Longitudinalwellengeschwindigkeit; $k_l = \omega/c_l$; $r = |\vec{r}|$; $\vec{e}_r = \vec{r}/r$; [2.27, S. 15–22; 2.6, S. 129–135]) beschreibt die Schwingungen eines homogenen isotropen Mediums bei Anregung durch eine am Koordinatenursprung befindliche Hohlkugel, deren Radius R sich periodisch mit der Frequenz ω ändert. Die Gleichungen für Verzerrungen, Spannungen und energetische Größen sind im Anhang A zusammengestellt. Aufgrund der Kugelsymmetrie des Problems sind sämtliche Größen nur von r abhängig, und sämtliche Vektoren zeigen in radialer Richtung. Sowohl $\vec{I}$ als auch $\vec{Q}$ sind in der Regel von null verschieden; lediglich $\vec{Q}$ besitzt eine Nullstelle bei einem bestimmten Abstand r. Wegen der Kugelsymmetrie verschwinden die Rotationen dieser beiden Vektoren: Die beiden Gl. (2.3.2) sind trivial erfüllt, weil außerdem $\vec{I}$ und $\vec{Q}$ parallel sind. Im Anhang A wird auch die Gültigkeit von (2.3.1b) bestätigt. Gl. (2.3.12) kann ebenfalls benutzt werden, da eine lineare (radiale) Polarisation vorliegt. Es stellt sich aber heraus, daß (2.3.3) nicht erfüllt ist. Erst wenn man den Schermodul bzw. die Transversalwellengeschwindigkeit zu null gehen läßt (Kugellautsprecher in Luft), ist die Blindintensität proportional zum Gradienten der potentiellen Energiedichte.

Wie Quinlan gezeigt hat [2.28–29], gibt es ein wichtiges Körperschallbeispiel, bei dem (2.3.3) erfüllt ist, nämlich eine Biegewelle. Für c und k in (2.3.3) sind die Phasengeschwindigkeit und die Wellenzahl der Biegewelle einzusetzen. Wie allgemein dieser Zusammenhang gilt, ob etwa auch Biegewellennahfelder vorhanden sein dürfen, kann vielleicht der zugrundeliegenden Arbeit [2.30] entnommen werden, die hier nicht verfügbar war.

Gegenbeispiel 3: Schwingendes Rotationszentrum

Das Verschiebungsfeld

$$\vec{u}(\vec{r},t) = \frac{A k_t^2 e^{-i\omega\left(t-\frac{r}{c_t}\right)} \sin\vartheta\,\vec{e}_\varphi}{4\pi\rho c_t^2} \left\{ \frac{1}{\left(k_t r\right)^2} - \frac{i}{\left(k_t r\right)} \right\}, \quad r \geq R > 0 \quad (2.3.14)$$

(c_t: Transversalwellengeschwindigkeit; $k_t = \omega/c_t$; r, ϑ, φ: Kugelkoordinaten; $\vec{e}_\varphi$: Einheitsvektor in φ-Richtung; [2.27, S. 16–22 mit Druckfehlern!; 2.6, S. 160–161; 2.9, S. 68–70]) entsteht durch Drehschwingung der Hohlkugeloberfläche um die z-Achse ($\vartheta = 0°$; Radius R bleibt konstant!) und wird im Anhang B abgehandelt. Üblicherweise stellt man sich statt der Hohlkugel eine starre Kugel vor, die fest mit dem umgebenden Medium verbunden ist und Drehschwingungen ausführt. Die Feldgrößen sind nicht nur vom Radius r, sondern auch vom Winkel ϑ abhängig. Dies hat zur Folge, daß die Rotationen von $\vec{I}$ und $\vec{Q}$ nicht mehr identisch verschwinden. Beide Gl. (2.3.2) gelten nicht mehr; (2.3.3) ist ebenfalls nicht erfüllt. Dagegen wird der Zusammenhang (2.3.1b) zwischen Blindintensität und Lagrange-Dichte wiederum bestätigt. Da wieder eine lineare (azimutale) Polarisation vorliegt, kann Gl. (2.3.12) ebenfalls benutzt werden.

Das vorstehend Bewiesene läßt sich folgendermaßen zusammenfassen: Die Quellen der Blindintensität $\vec{Q}$ sind sowohl für Luftschall

als auch für Körperschall durch den zeitlichen Mittelwert der Lagrange-Dichte bestimmt, d.h. daß lokale Unterschiede zwischen den Zeit-
mittelwerten von kinetischer und potentieller Energiedichte Blindintensität erzeugen. Dies ist typisch für stehende Wellen, für Nahfelder,
Kugelwellen, aber auch für Wellen in inhomogenen Medien (siehe 5.
Kapitel). Im Gegensatz zum Luftschall ist i.a. das Feld $\bar{Q}$ beim Körperschall nicht wirbelfrei und kann daher nicht aus den Quellen allein
berechnet werden. Einfache allgemeine Ausdrücke für $\nabla \times \bar{Q}$ und
$\nabla \times \bar{I}$ sind nicht bekannt. $\bar{Q}$ ist auch in homogenen Medien i.a. nicht
proportional zum Gradienten der zeitlich gemittelten potentiellen Energiedichte. Im Falle linearer Polarisation (geradlinige Teilchenbewe-
gung) läßt sich die Amplitude der zeitlichen Oszillation der Energiestromdichte durch Wirk- und Blindintensität ausdrücken; im allgemeinen Fall taugen diese Größen dazu nicht.

Die reaktive Körperschallintensität scheint also anschaulichen In-
terpretationen noch weniger zugänglich zu sein als die entsprechende
Luftschallgröße. Wie eingangs für Luftschall seien einige derartige Versuche zitiert:

„The reactive intensity is defined as the standing wave power which
is not able to propagate. Therefore, the reactive intensity describes that
portion of the source energy which is stored within the structure." [2.29]
Kommentar: Was ist die Leistung einer stehenden Welle? Die 'gespei-
cherte' Energie wird durch die Energiedichte beschrieben, nicht durch
die Blindintensität!

Pavić [1.9] führt eine von (2.2.19) abweichende Definition der Blindintensität ein, die er aber in späteren Arbeiten nicht weiter verfolgt:
„Reversible energy does not propagate; any orientation related to this
quantity would not be physically justifiable. This is why the expres-
sions for the reactive intensity components (...) are given in terms of
squares. ... The reactive intensity thus is not a vector quantity. It de-
pends on orientation, however, as does the active intensity." Kommentar: Was ist reversible Energie? Es gibt reversible Prozesse, bei denen
einem thermodynamischen System reversibel Energie zugeführt und
entnommen werden kann. Hier ist wohl die Energie gemeint, die im
Verlauf einer Schwingungsperiode zu- und wieder abgeführt wird. Dies
wird durch den zeitabhängigen Anteil des Kirchhoff-Vektors $\bar{S}(\bar{r}, t)$ beschrieben. Die im Zitat auftretenden Widersprüche bezüglich Orientierung und Vektorcharakter machen die angegebene Definition der
Blindintensität im Grunde unbrauchbar.

Zur üblichen Definition (2.2.19) zurückgekehrt schreiben Gavrić,
Carniel und Pavić [2.17]: „The presence of reactive intensity characte-
rizes reverberance in the field (i.e. systems with a considerable reflection of the energy injected) or the presence of the wattless nearfield. ...
The reactive intensity, influenced by the modal nature of the structure,

completes the information of its dynamical behavior, although its physical meaning is not as clear and easily understandable as that of the
active intensity. By comparing the absolute values of active and reactive intensities one can find the ratio between propagative and reverberant components of structural vibrations." Kommentar: Auch hier
wird mit unscharfen Begriffen wie 'Reflexion von Energie' oder 'Hall-
komponente der Schwingungen' vergeblich versucht, die Bedeutung
der Blindintensität zu erfassen. Daß sie die Information über das dyna-
mische Verhalten der Struktur vervollständige, ist mißverständlich ausgedrückt: es handelt sich lediglich um eine ergänzende Information.
Die Behauptung am Schluß dieses Artikels [2.17] „The absolute value
of the complex intensity ... is equal to the energy which fluctuates in
the structure, i.e. the difference between the instantaneous change of
the energy and the net energy flow" ist im allgemeinen sogar falsch,
und zwar gerade auch in dem in der Praxis wichtigsten Fall der Biegewelle.

Analog zu [1.9] kann man einen „Feldindikator" („field indicator";
in [1.9] „intensity factor" genannt)

$$0 \leq \frac{I}{\sqrt{I^2 + Q^2}} \leq 1 \qquad (2.3.15)$$

einführen ($I = |\vec{I}|$, $Q = |\vec{Q}|$). Für Biegewellen schlägt Linjama [Z.4; Z.5]
einen Satz von vier „Felddeskriptoren" vor: ebenfalls dimensionslose
Größen, die für eine einzelne Biegewelle den Wert eins annehmen. (Die
zu (2.3.15) analoge Größe wird von Linjama „intensity efficiency" genannt.) Bei einer Meßfehleranalyse mögen solche Indikatoren von Nutzen sein. Gründliche Untersuchungen über die Fehler der verschiedenen Methoden der Körperschall-Intensitätsmeßtechnik für zwei- und
dreidimensionale Strukturen stehen noch aus (zum aktuellen Stand siehe [1.12; Z.1]). Die diesbezügliche Bedeutung der Blindintensität muß
daher noch offen gelassen werden.

Da die Blindintensität aus mehreren Gründen von null verschieden sein kann, ist sie kein eindeutiger „Indikator" für eine bestimmte
Eigenschaft eines Schallfelds. Mit Ausnahme der vielleicht tiefsinni-
gen Beziehung (2.3.1b) zur Lagrange-Dichte bleibt beim allgemeinen
Körperschallfeld keine der nützlichen Funktionen erhalten, die die
Blindintensität beim Luftschallfeld noch anbieten konnte. Es ist derzeit kein triftiger Grund erkennbar, weshalb der reaktiven Körperschallintensität besondere Beachtung geschenkt werden sollte. Sie wird deshalb im folgenden kaum noch berücksichtigt. Stattdessen stehen neben der (Wirk-)Intensität die kinetische und die potentielle Energiedichte und bei Bedarf die zeitabhängige Energieflußdichte im Brenn-

punkt der Betrachtung. Ergänzend sei die Arbeit [Z.6] erwähnt, die sich mit den Zusammenhängen zwischen Dämpfung und Wirk- bzw. Blindintensität befaßt.

2.4 Rayleighsches Prinzip

Das Rayleighsche Prinzip besagt, daß die Mittelwerte der kinetischen und potentiellen Energie eines Wellenfeldes unter gewissen Voraussetzungen gleich groß sind. Es geht auf eine Arbeit [2.31] von Rayleigh aus dem Jahre 1877 zurück und hat seither vielfache Anwendungen erfahren, insbesondere in der Formulierung als Variationsprinzip. 1933 erschien sogar eine Monografie [2.32] zu diesem Thema. In den meisten Anwendungen werden die Eigenschwingungen von endlich ausgedehnten Medien behandelt. Gegenstand dieses Buches sind dagegen Körper, die in wenigstens einer Raumdimension unendlich ausgedehnt sind und laufende Wellen mit kontinuierlichem Spektrum zulassen. Das für diesen Fall formulierte Prinzip wird mit Pierce [2.33] als Rayleighsches Prinzip für laufende Wellen ('Rayleigh's principle for progressive waves') bezeichnet. Pierce bemerkt [2.33, Abschnitt 4.3], daß in der Regel irgendeine Art von Mittelwertbildung vorgenommen werden muß, bevor sich die erwähnte Gleichheit bewahrheitet. Die wichtigste Ausnahme stellt eine ebene Welle in einem homogenen Fluid dar. In diesem Fall ist die Differenz zwischen kinetischer und potentieller Energiedichte an jedem Ort zu jeder Zeit gleich null. Sonst gilt dies erst nach einer Zeitmittelung (Biegewelle im Balken) oder gar erst nach einer zusätzlichen räumlichen Mittelung (Schwerewelle im Wasser).

Ein Beweis des Rayleighschen Prinzips für laufende Wellen in homogenen Medien ist in Lighthills eindrucksvoller Arbeit über Gruppengeschwindigkeit enthalten [2.34, S. 23–25]. Im folgenden wird der Beweis auf räumlich inhomogene Medien beliebiger elastischer Anisotropie ausgedehnt. Die Inhomogenität sei allerdings nicht beliebig, sondern einer Einschränkung unterworfen: sie wird als räumlich periodisch vorausgesetzt. Diese Voraussetzung mag zunächst sehr speziell erscheinen; sie ist aber vermutlich notwendig für die exakte Gültigkeit des Prinzips. In quasiperiodischen oder ungeordneten Medien dürfte die Gleichheit von kinetischer und potentieller Energie nur näherungsweise oder im Grenzfall einer Mittelung über ein unendlich großes Volumen erfüllt sein. Ein möglicher theoretischer Zugang zu diesen Medien besteht darin, sie näherungsweise als periodisch zu betrachten, wobei die Näherung mit wachsender Größe der Einheitszelle besser wird. Die Bedeutung der Theorie periodischer Medien ist daher nicht ausschließlich auf periodische Medien beschränkt. Die Erfahrung lehrt, daß es

zahlreiche Fälle gibt, bei denen die Einzelheiten der räumlichen Verteilung der Inhomogenität nur eine untergeordnete Rolle spielen. Dann
hat man die Möglichkeit, sich die Geometrie auszuwählen, die sich am
besten rechnen läßt.

Die Elastodynamik periodischer Medien wird in Abschnitt 5.1 ausführlich besprochen. Für den angekündigten Beweis genügt es im wesentlichen zu wissen, daß als Lösungen der Bewegungsgleichungen
Blochwellen von der Form

$$\vec{u}_{\vec{k}}(\vec{r}, t) = \mathrm{Re}\left\{\vec{p}_{\vec{k}}(\vec{r})\mathrm{e}^{\mathrm{i}(\vec{k}\cdot\vec{r}-\omega t)}\right\} \qquad (2.4.1)$$

an die Stelle der ebenen Wellen im homogenen Medium treten. Die
Funktion $\vec{p}_{\vec{k}}(\vec{r})$ hängt vom Wellenvektor $\vec{k}$ ab und ist räumlich periodisch, d.h. mit einem Gittervektor $\vec{g}$ gilt

$$\vec{p}_{\vec{k}}(\vec{r} + \vec{g}) = \vec{p}_{\vec{k}}(\vec{r}). \qquad (2.4.2)$$

Das Rayleighsche Prinzip für laufende Wellen wird nun für eine solche Blochwelle bewiesen. In Worten lautet es: Im räumlichen und zeitlichen Mittel sind kinetische und potentielle Energie einer Blochwelle
gleich groß. Mathematisch gesprochen ist dies äquivalent zu

$$\langle\langle L \rangle\rangle = 0, \qquad (2.4.3)$$

wobei mit L die Lagrange-Dichte (2.1.7) gemeint ist und die doppelten
spitzen Klammern eine zeitliche Mittelung über eine Periode $T = 2\pi/\omega$
und eine räumliche Mittelung über eine Einheitszelle des Gitters bedeuten. Ein Beweis von (2.4.3) ist mit elementaren Mitteln möglich,
aber ziemlich umständlich (siehe Anhang C). Hier soll eine elegantere
Beweisführung dargestellt werden, die sich im Rahmen des Lagrange-
Formalismus abspielt und Lighthills Vorgehen [2.34] verallgemeinert.
Im ersten Teil wird gezeigt, daß das Hamiltonsche Prinzip (2.1.8) auch
in der abgewandelten Form

$$\delta\int_T \frac{\mathrm{d}t}{T}\int_{EZ}\frac{\mathrm{d}V}{V_{EZ}}L = \langle\langle\delta L\rangle\rangle = 0 \qquad (2.4.4)$$

verwendet werden kann (EZ: Einheitszelle; V_{EZ}: Volumen derselben),
wobei eine Blochwelle $\vec{u}$ betrachtet wird und die Variation $\delta\vec{u}$ ebenfalls die Form einer Blochwelle besitzen soll. Dies bedeutet im Unterschied zum ursprünglichen Variationsprinzip (2.1.8), daß die Variati-

on $\delta\vec{u}$ an den Integrationsgrenzen nicht verschwindet. Ausgeschrieben und partiell integriert lautet (2.4.4)

$$
\left\langle\!\!\left\langle \frac{\partial L}{\partial \dot{u}_i}\delta\dot{u}_i + \frac{\partial L}{\partial u_{i,j}}\delta u_{i,j} \right\rangle\!\!\right\rangle
$$

$$
= \left\langle\!\!\left\langle \frac{\mathrm{d}}{\mathrm{d}t}\!\left[\frac{\partial L}{\partial \dot{u}_i}\delta u_i \right] + \frac{\mathrm{d}}{\mathrm{d}x_j}\!\left[\frac{\partial L}{\partial u_{i,j}}\delta u_i \right] \right.
$$

$$
\left. - \left[\frac{\mathrm{d}}{\mathrm{d}t}\frac{\partial L}{\partial \dot{u}_i} \right]\delta u_i - \left[\frac{\mathrm{d}}{\mathrm{d}x_j}\frac{\partial L}{\partial u_{i,j}} \right]\delta u_i \right\rangle\!\!\right\rangle = 0.
$$

(2.4.5)

Die letzten beiden Terme heben sich wegen der Bewegungsgleichungen (2.1.10) weg, beim ersten kann die Zeitintegration ausgeführt, der zweite mit Hilfe des Gaußschen Integralsatzes in ein Oberflächenintegral umgewandelt werden ($\mathrm{d}\vec{F}$: Flächenelement):

$$
\int\limits_{EZ} \mathrm{d}V \left[\frac{\partial L}{\partial \dot{u}_i}\delta u_i \right]_t^{t+T} + \int\limits_{T} \mathrm{d}t \int\limits_{EZ} \mathrm{d}F_j \frac{\partial L}{\partial u_{i,j}}\delta u_i = 0.
$$

(2.4.6)

Der Ausdruck in eckigen Klammern ist das Produkt aus Impuls und Variation der Verschiebung, die beide mit der Frequenz ω oszillieren. Das Produkt oszilliert folglich mit der Frequenz 2ω, d.h. sein zeitlicher Verlauf wiederholt sich nach der Periode $T/2$. Dadurch verschwindet der erste Term von (2.4.6). Im zweiten Term muß über das Produkt aus Spannungen und Variation der Verschiebungen integriert werden. Dieses Produkt oszilliert ebenfalls mit der Frequenz 2ω; die Zeitintegration ist aber noch nicht erfolgt und wird im allgemeinen auf ein von null verschiedenes Ergebnis führen. Um den zweiten Term zum Verschwinden zu bringen, muß die räumliche Periodizität ins Spiel gebracht werden. Nun ist aber dieses Produkt wie die Blochwelle (2.4.1) selbst wegen der Phase $\vec{k}\cdot\vec{r}$ nicht räumlich periodisch. Erst eine zeitliche Mittelung (man benutze Gl. (2.2.10)) beseitigt die Abhängigkeit von dieser Phase und stellt die räumliche Periodizität her: Das Zeitmittel des Produkts nimmt auf „gegenüberliegenden" Punkten der Oberfläche der Einheitszelle den gleichen Wert an, denn „gegenüberliegend" soll heißen, daß man vom einen Punkt mit einen Gittervektor zum anderen gelangen kann. Die Normalen auf den zugehörigen Oberflächenelementen zeigen in entgegengesetzte Richtungen, so daß sich die Beiträge gegenüberliegender Punkte aufheben. Da es zu jedem Punkt genau einen gegenüberliegenden gibt, verschwindet auch der zweite Term in (2.4.6). Damit ist das abgewandelte Hamiltonsche Prinzip (2.4.4) bewiesen.

Im zweiten Teil des Beweises von (2.4.3) wird eine spezielle Variation betrachtet, nämlich die einfache Amplitudenänderung der Blochwelle

$$\delta u_i = \alpha u_i, \qquad\qquad 0 < \alpha \ll 1. \tag{2.4.7}$$

Da die Lagrange-Dichte (2.1.7) eine homogene Funktion zweiten Grades in den Variablen $\dot{u}_i$ und $u_{i,j}$ ist, folgt

$$\delta L = (1 + \alpha)^2 L - L \approx 2\alpha L \tag{2.4.8}$$

und mit (2.4.4)

$$\langle\langle L \rangle\rangle = 0 \qquad\qquad \text{oder} \qquad\qquad \langle\langle e_{kin} \rangle\rangle = \langle\langle e_{pot} \rangle\rangle. \tag{2.4.9}$$

Damit ist das Rayleighsche Prinzip für Blochwellen in einem Medium beliebiger Anisotropie und räumlich periodischer Inhomogenität bewiesen. Der Beweis wurde für ein allseits unendlich ausgedehntes Medium geführt. Dieses Medium läßt sich in Gedanken zu einer periodischen Anordnung von parallelen Platten oder Stäben oder auch von allseits begrenzten Körpern ausbilden, indem in den Zwischenräumen die elastischen Konstanten und die Massendichte null gesetzt werden. Aus Symmetriegründen muß das Rayleighsche Prinzip für jede Platte, jeden Stab, jeden Körper allein gelten. Laufende Wellen sind allerdings nur in den Richtungen unendlicher Ausdehnung der Objekte möglich. In anderen Richtungen wird sich als monofrequente Lösung der Wellengleichung eine stehende Welle oder Eigenschwingung ergeben (d.h. der Wellenvektor im Phasenfaktor der Blochwelle (2.4.1) ist gleich null), für die kinetische und potentielle Energie ebenfalls gleichverteilt sind. Allseits begrenzte Körper werden in diesem Buch, das sich mit Energietransport ohne Dämpfungsverluste befaßt, nicht behandelt. Dagegen wird sich die Gültigkeit von (2.4.9) für Platten und Stäbe im folgenden als außerordentlich nützlich erweisen. Mit Symmetrieargumenten kann man sich Vereinfachungen für Spezialfälle klar machen: Wenn die Platte oder der Stab bezüglich der Ausbreitungsrichtung homogen ist, kann die entsprechende räumliche Mittelung in (2.4.9) unterbleiben. Wenn die Platte in ihrer Ebene senkrecht zur Ausbreitungsrichtung homogen ist, braucht die entsprechende Mittelung ebenfalls nicht durchgeführt zu werden. Die Mittelung über die Plattendicke ist jedoch wie die Mittelung über den Stabquerschnitt immer erforderlich für die Gültigkeit des Rayleighschen Prinzips, selbst wenn die Platte in Richtung der Normalen bzw. der Stab im Querschnitt homogen aufgebaut ist.

2.5 Energietransport und Gruppengeschwindigkeit

Der Zusammenhang zwischen Energietransport und Gruppengeschwindigkeit hat wie das Rayleighsche Prinzip eine lange Geschichte. Wie man bei Sommerfeld [2.1, S. 168–170] nachlesen kann, sind die Anfänge bei Stokes (Definition und Ableitung der Gruppengeschwindigkeit, 1876), Reynolds und Rayleigh (Verknüpfung mit dem Energietransport, beide 1877) zu suchen. Es wurde beobachtet, daß in zahlreichen Fällen Gruppengeschwindigkeit $\vec{C}$ und Energietransportgeschwindigkeit $\vec{c}_e$ (2.1.21) einer laufenden Welle übereinstimmen:

$$\nabla_{\vec{k}}\, \omega = \vec{C} = \vec{c}_e = \frac{\vec{I}}{w_{tot}}. \qquad (2.5.1)$$

Im Jahre 1957 beschäftigte sich Biot [2.35] ausführlich mit diesem Thema und fand die Identität (2.5.1) in verschiedenen Systemen bestätigt: in elektromagnetischen Systemen; in kompressiblen Flüssigkeiten; in elastisch isotropen oder anisotropen Festkörpern mit und ohne Vorspannung; sogar in inhomogenen Festkörpern, wenn sie nur in der Ausbreitungsrichtung der Welle homogen sind. Der Beweisführung fehlt allerdings bisweilen die notwendige Strenge und Klarheit, die einen zweifelsfrei von ihrer Schlüssigkeit überzeugen könnte. Besonders irritiert, daß von stehenden Wellen („standing wave pattern") die Rede ist. Eine gründliche Auseinandersetzung mit Biots Vorgehen kann hier unterbleiben, da wir uns wie im vorhergehenden Abschnitt 2.4 auf die 1965 erschienene Arbeit [2.34] von Lighthill (in welcher Biot übrigens nicht zitiert wird!) stützen können. Dort wird (2.5.1) für eine ebene Welle in einem homogenen konservativen System bewiesen, wobei sogar nichtlineare Wellengleichungen zugelassen werden. Die Behandlung des nichtlinearen Falls geht auf Whitham [2.36] zurück und soll hier nicht weiter verfolgt werden. Im Lehrbuch von Achenbach [2.6, S. 211–215] wird die Beweisführung von Lighthill am Beispiel eines homogenen, isotropen Wellenleiters mit konstantem Querschnitt vorgeführt.

Lighthill (und mit ihm Achenbach) weist auf die Merkwürdigkeit der Beziehung (2.5.1) hin: Der Energietransport in einer Welle mit fester Frequenz und Wellenzahl geht mit einer Geschwindigkeit vor sich, die sich aus der Änderung von Frequenz und Wellenzahl beim Übergang zu einer benachbarten Wellenlösung ergibt. Dieser Zusammenhang ist in der Tat überraschend und nur schwer anschaulich verständlich. Am ehesten läßt er sich vielleicht begreifen, wenn man die kinematischen Überlegungen zur Gruppengeschwindigkeit unter energetischem Blickwinkel nachvollzieht.

Für eine Blochwelle in einem Medium mit beliebiger Anisotropie und räumlich periodischer, aber sonst beliebiger Inhomogenität wurde die (2.5.1) entsprechende Identität bislang noch nicht bewiesen. Dies wird nun in Anlehnung an Lighthill nachgeholt. Das auf Blochwellen zugeschnittene Variationsprinzip (2.4.4) und das daraus abgeleitete Rayleighsche Prinzip für Blochwellen (2.4.9) spielen dabei eine wichtige Rolle.

Im Gegensatz zur „bescheidenen" Variation der Blochwelle beim Beweis des Rayleighschen Prinzips (Erhöhung der Amplitude) wird nun Frequenz und Wellenvektor variiert. Die Blochwelle (2.4.1) wird verglichen mit der variierten Blochwelle

$$\vec{u}_{\vec{K}}(\vec{r}, t') = \text{Re}\left\{\vec{p}_{\vec{K}}(\vec{r})\, e^{i(\vec{K}\cdot\vec{r} - \Omega t')}\right\},$$

(2.5.2)

$$\delta\vec{p} = \vec{p}_{\vec{K}} - \vec{p}_{\vec{k}}, \qquad \delta\vec{k} = \vec{K} - \vec{k}, \qquad \delta\omega = \Omega - \omega.$$

Da beide Blochwellen definitionsgemäß Lösungen der Bewegungsgleichungen sind, ist die Frequenzänderung $\delta\omega$ eine Funktion der Änderung $\delta\vec{k}$. Der Zusammenhang wird durch die Gruppengeschwindigkeit hergestellt:

$$\delta\omega = \vec{C} \cdot \delta\vec{k}.$$

(2.5.3)

Aufgrund des Frequenzunterschieds sind auch die zeitlichen Perioden, über die bei der Zeitmittelung integriert werden muß, verschieden. Durch Einführung dimensionsloser Zeitvariablen

$$\tau = \omega t, \qquad \tau' = \Omega t'$$

(2.5.4)

kann die Zeitmittelung für beide Blochwellen einheitlich formuliert werden:

$$\int_{T^{(\prime)}} \frac{dt^{(\prime)}}{T^{(\prime)}} \dots = \int_{2\pi} \frac{d\tau^{(\prime)}}{2\pi} \dots \qquad (2.5.5)$$

Zur Berechnung der Variation der Lagrange-Dichte nach (2.1.9) benötigt man die Ableitungen

$$\dot{\vec{u}}_{\vec{k}} \quad = \quad +\omega \operatorname{Im}\left\{\vec{p}_{\vec{k}}\, e^{i\left(\vec{k}\cdot\vec{r}-\tau\right)}\right\},$$

$$\dot{\vec{u}}_{\vec{K}} \quad = \quad +\Omega \operatorname{Im}\left\{\vec{p}_{\vec{K}}\, e^{i\left(\vec{K}\cdot\vec{r}-\tau'\right)}\right\},$$

$$\nabla \vec{u}_{\vec{k}} \quad = \quad -\vec{k} \operatorname{Im}\left\{\vec{p}_{\vec{k}}\, e^{i\left(\vec{k}\cdot\vec{r}-\tau\right)}\right\}, \qquad (2.5.6)$$

$$\nabla \vec{u}_{\vec{K}} \quad = \quad -\vec{K} \operatorname{Im}\left\{\vec{p}_{\vec{K}}\, e^{i\left(\vec{K}\cdot\vec{r}-\tau'\right)}\right\},$$

($d/dt = d/dt'$ führt auf $\dot{\tau} = \omega$ und $\dot{\tau}' = \Omega$) bzw. deren Variation. Angesichts der später erfolgenden Zeitmittelung kann an jedem Punkt $\vec{r}$ die Zeitkoordinate t' oder τ' so gewählt werden, daß die Exponentialfaktoren beider Blochwellen gleich sind. Diese Maßnahme führt auf die Variationen

$$\delta\dot{\vec{u}} \quad = \quad \operatorname{Im}\left\{\left(\vec{p}_{\vec{k}}\delta\omega + \omega\delta\vec{p}\right)e^{i\left(\vec{k}\cdot\vec{r}-\tau\right)}\right\},$$

$$\delta(\nabla\vec{u}) \quad = \quad -\operatorname{Im}\left\{\left(\vec{p}_{\vec{k}}\delta\vec{k} + \vec{k}\delta\vec{p}\right)e^{i\left(\vec{k}\cdot\vec{r}-\tau\right)}\right\}. \qquad (2.5.7)$$

(Hätte man beide Blochwellen zu gleichen Zeiten $\tau = \tau'$ verglichen, wäre jeweils ein zusätzlicher Term proportional zu $\vec{k}\cdot\vec{r}$ aufgetaucht, der die Beweisführung mühsamer machen würde.) Nun besagt das Hamiltonsche Prinzip in der Form (2.4.4), daß die Variation der Lagrange-Dichte im Mittel verschwindet, wenn bei der Variation der Blochwelle Wellenvektor und Frequenz unverändert beibehalten werden. Die zweiten Summanden in (2.5.7) können deshalb wegfallen. Nach Anwendung von (2.5.6a) bleibt

$$\delta \dot{\vec{u}} = \dot{\vec{u}}_{\bar{k}} \frac{\delta \omega}{\omega}, \qquad\qquad \delta(\nabla \vec{u}) = -\dot{\vec{u}}_{\bar{k}} \frac{\delta \vec{k}}{\omega} \qquad\qquad (2.5.8)$$

zu berücksichtigen. Eingesetzt in (2.1.9) erhält man

$$\omega \delta L = \frac{\partial L}{\partial \dot{u}_i} \dot{u}_i \delta \omega - \frac{\partial L}{\partial u_{i,j}} \dot{u}_i \delta k_j, \qquad\qquad (2.5.9)$$

was mit (2.1.15) und (2.1.16) zu

$$\omega \delta L = \left(e_{tot} + L \right) \delta \omega - S_j \delta k_j \qquad\qquad (2.5.10)$$

wird. Um den Beweis abzuschließen, muß nur noch die Mittelung über Raum und Zeit vorgenommen werden. Dabei verschwindet die Lagrange-Dichte auf der rechten Seite von (2.5.10) wegen des Rayleighschen Prinzips (2.4.9). Dieses gilt aber nicht nur für die erste Blochwelle, sondern auch für die zweite, d.h. daß Gleichung (2.4.4) auch für die hier betrachtete Variation gilt, bei der Wellenvektor und Frequenz verändert wurden. Man erhält

$$\left\langle\left\langle e_{tot} \right\rangle\right\rangle \delta \omega = \left\langle\left\langle \vec{s} \right\rangle\right\rangle \cdot \delta \vec{k} \qquad\qquad (2.5.11)$$

oder

$$\nabla_{\bar{k}} \, \omega = \vec{C} = \frac{\left\langle\left\langle \vec{s} \right\rangle\right\rangle}{\left\langle\left\langle e_{tot} \right\rangle\right\rangle} = \frac{\left\langle \vec{I} \right\rangle}{\left\langle w_{tot} \right\rangle}. \qquad\qquad (2.5.12)$$

Verglichen mit (2.5.1) ist eine zusätzliche räumliche Mittelung erforderlich, um den gesuchten Zusammenhang zwischen Gruppengeschwindigkeit, Energiestrom und Energiedichte herzustellen. Auch der Beweis unterscheidet sich von dem für homogene Medien im Grunde nur durch diese Mittelung über eine Einheitszelle, ohne die das Rayleighsche Prinzip für periodisch inhomogene Medien nicht gilt. Man darf daher annehmen, daß eine nichtlineare Erweiterung des Gültigkeitsbereiches von (2.5.12), wie sie von Whitham und Lighthill für homogene Medien erreicht wurde, auch für periodisch inhomogene Medien möglich ist.

Das im vorangegangenen Abschnitt 2.4 über Platten und Stäbe gesagte gilt entsprechend für die Gültigkeit von (2.5.12). Das Rayleigh-

sche Prinzip und diese Energietransportbeziehung stellen wertvolle
Hilfen dar, die zunächst zur Berechnung von energetischen Größen
eingesetzt werden können, darüberhinaus aber auch wichtige Kontroll-
möglichkeiten bei analytischen und numerischen Rechnungen sowie
zweckmäßige Nebenbedingungen für Näherungsmethoden darstellen.

2.6 Impulstransport

Nach der allgemeinen Behandlung des Energietransports soll auch der
Impulstransport kurz beleuchtet werden. Nach (2.1.17) ist die Impulsdichte einer Blochwelle durch

$$\rho \dot{\vec{u}} = \omega \, \mathrm{Im}\left\{ \vec{p}_{\bar{k}}(\vec{r}) \, e^{i(\bar{k}\cdot\vec{r}-\omega t)} \right\} \tag{2.6.1}$$

gegeben. Wie die Verschiebung und die Schnelle ist die Impulsdichte
im zeitlichen Mittel an jedem Ort null. Betrachtet man zwei Moment-
aufnahmen einer Einheitszelle im zeitlichen Abstand einer halben
Schwingungsperiode, zeigen die lokalen Impulsdichtevektoren auf
beiden Bildern in entgegengesetzter Richtung. Auch eine momentane
räumliche Mittelung über eine gewisse Anzahl von Einheitszellen ergibt null, wenn Wellenlänge und räumliche Periodizität zusammen-
passen. Andernfalls muß über den gesamten Raum gemittelt werden,
um zum gleichen Ergebnis zu gelangen. Beim homogenen Medium
($\vec{p}_{\bar{k}}$ räumlich konstant) wandern Gebiete von der Ausdehnung einer
halben Wellenlänge mit „positivem" Impuls in $\bar{k}$-Richtung mit der Phasengeschwindigkeit ω/k. Es folgen jeweils Gebiete mit „negativem"
Impuls. Beim periodisch inhomogenen Medium sieht der Vorgang komplizierter, aber doch ähnlich aus, da durch die Funktion $\vec{p}_{\bar{k}}$ die Impuls-
richtung lediglich „moduliert" wird. Jedenfalls wird im zeitlichen und
räumlichen Mittel kein Impuls transportiert. Dies folgt auch aus der
Impulsbilanz, die mit der Bewegungsgleichung (2.1.11) identisch ist:
Im Abschnitt 2.1 wurde darauf hingewiesen, daß die Impulsstromdichte
gleich dem negativen Spannungstensor ist. Die Zeitabhängigkeit dieser Größe wird ebenfalls durch den Exponentialfaktor in (2.6.1) beschrieben, folglich findet im Zeitmittel kein Impulstransport statt.
    Im Mittel transportiert eine Blochwelle also im allgemeinen Ener-
gie, aber keinen Impuls. Die physikalische Ursache liegt darin, daß
Impuls an Masse, also an die materiellen Punkte des Festkörpers, ge-
knüpft ist: Wenn sich diese Punkte im Zeitmittel nicht bewegen, wird
netto auch kein Impuls transportiert. Erst bei einer nicht wieder rück-
gängig gemachten Bewegung vom Anfangsort weg ist am Ende Impuls transportiert worden. Man denke dabei an einen Nagel, der mit

dem Hammer ins Holz getrieben wird. Der Impuls des Hammers wird zunächst auf den Kopf des Nagels übertragen und wandert dann mit Schallgeschwindigkeit bis zur Nagelspitze. Bei einem Stahlnagel von 5 cm Länge dauert dies ungefähr 10 μs (Geschwindigkeit für Quasi-longitudinalwellen 5000 m/s). Die nachfolgenden Vorgänge (teils Reflexion, teils Übertragung des Impulses aufs Holz, Energieübertrag aufs Holz) sind im einzelnen kompliziert und sollen hier nicht weiter untersucht werden. Die Anfangsphase läßt sich jedoch leicht als stoßförmige Anregung eines halbunendlichen Stabes modellieren. Die Wellengleichung für dieses als eindimensional betrachtete Medium ($x \geq 0$) lautet

$$\ddot{u} - c^2 u'' = 0 \tag{2.6.2}$$

(c: Schallgeschwindigkeit) und besitzt als Lösungen die in x-Richtung laufenden Wellen

$$u = A \sin(kx - \omega t + \varphi). \tag{2.6.3}$$

Bei einer Anregung am Stabende ($x = 0$) mit der Kraft $F(t)$ kann mit Hilfe der Eingangsimpedanz [2.13, S. 275]

$$\frac{F(t)}{\dot{u}(0,t)} = \rho c \tag{2.6.4}$$

(ρ: eindimensionale Massendichte [kg/m]) die Schnelle am Ort $x = 0$ bestimmt werden. Die vollständige Lösung auf dem Stab erhält man durch passende Überlagerung der Wellenlösungen (2.6.3). Die sinusförmige Kraft

$$F(t) = F_0 \sin(\omega t) \tag{2.6.5}$$

führt auf die Lösung

$$u(x,t) = -\frac{F_0}{\rho c \omega} \cos(kx - \omega t), \tag{2.6.6}$$

die im Zeitmittel keinen Impuls transportiert. Simuliert man einen Schlag auf den Stab mit dem Dirac-Stoß

$$F(t) = F_0 T_0 \delta(t) = \frac{F_0 T_0}{2\pi} \int\limits_{-\infty}^{\infty} \cos(\omega t)\mathrm{d}\omega \qquad (2.6.7)$$

($F_0 T_0$: „Kraftstoß") ergibt sich durch entsprechende Überlagerung die Lösung mit der Heavisideschen Sprungfunktion θ

$$u(x,t) = \frac{F_0 T_0}{\rho c}\, \theta(ct - x). \qquad (2.6.8)$$

Zum Zeitpunkt $t > 0$ ist also das Stabstück zwischen $x = 0$ und $x = ct$ um $F_0 T_0 /(\rho c)$ nach rechts gerückt, während der restliche Stab vom Stoß noch nichts gespürt hat. Die Impulsdichte

$$\rho\dot{u}(x,t) = F_0 T_0 \delta(ct - x) \qquad (2.6.9)$$

ist nur an der Unstetigkeitsstelle $x = ct$ von null verschieden. Den Gesamtimpuls des Stabes erhält man durch räumliche Integration über diese Stelle zu $F_0 T_0$; er ist an der Unstetigkeitsstelle konzentriert und wandert mit der Geschwindigkeit c in x-Richtung. Die zeitliche Integration über (2.6.9) ergibt an jedem Ort $F_0 T_0/c$, wenn nur von $t = 0$ bis $t > x/c$ integriert wird. Diese von null verschiedenen Mittelwerte sind natürlich dadurch verursacht, daß die anregende Kraft nur positive Anteile besitzt.

Etwas realistischer kann der Hammerschlag durch eine auf den Stab mit der Geschwindigkeit v_0 auftreffende Masse m dargestellt werden. Nach dem Beginn des Stoßes ($t = 0$) wird die Masse abgebremst:

$$-m\ddot{u}(0,t) = \rho c\dot{u}(0,t). \qquad (2.6.10)$$

Unter Beachtung der Anfangsbedingung $u(0,0) = 0$ findet man die Lösung

$$u(x,t) = \frac{v_0 m}{\rho c}\left[1 - \mathrm{e}^{-\frac{\rho}{m}(ct-x)}\right]\theta(ct - x) \qquad (2.6.11)$$

mit der Impulsdichte

$$\rho\dot{u}(x,t) = \rho v_0 \mathrm{e}^{-\frac{\rho}{m}(ct-x)}\theta(ct - x). \qquad (2.6.12)$$

Aus den Verzerrungen $u'(x,t) = -\dot{u}(x,t)/c$ kommt man mit der elastischen Konstanten $\zeta = \rho c^2$ zur Spannung

$$\sigma_{xx}(x,t) = -\frac{v_0\zeta}{c}\,\mathrm{e}^{-\frac{\rho}{m}(ct-x)}\theta(ct-x),\qquad (2.6.13)$$

die gleichzeitig die negative Impulsstromdichte darstellt. Eine Zeitintegration von $t=0$ bis $t=\infty$ liefert den am Ort x insgesamt durchgelaufenen Impuls mv_0. Dividiert man die Impulsstromdichte durch die Impulsdichte, sieht man, daß der Impulstransport mit der Schallgeschwindigkeit c erfolgt, wie dies aus der Abhängigkeit von $(ct-x)$ zu erwarten ist. Die Größen zweiter Ordnung sind ebenfalls schnell hingeschrieben:

$$e_{kin} = e_{pot} = \frac{1}{2}\rho v_0^2\mathrm{e}^{-\frac{2\rho}{m}(ct-x)}\theta(ct-x).\qquad (2.6.14)$$

Das Rayleighsche Prinzip gilt hier im eindimensionalen Medium momentan und lokal. Ebenso gilt der Zusammenhang (2.5.12) zwischen Energiedichte und Energiestromdichte momentan und lokal:

$$S_x = -\sigma_{xx}\dot{u} = e_{tot}c.\qquad (2.6.15)$$

Insgesamt wird die Energie $mv_0^2/2$, die anfängliche Energie der auf den Stab treffenden Masse m, transportiert. Im Grenzfall $m\to 0$, $v_0\to\infty$, wobei $mv_0 = F_0T_0$, entdeckt man den vorher behandelten Fall der Dirac-Stoß-Anregung wieder. Die Funktion

$$\delta(z) = \lim_{\alpha\to\infty}\alpha\mathrm{e}^{-\alpha z}\theta(z)\qquad (2.6.16)$$

kann offensichtlich als eine spezielle Darstellung der δ-Funktion betrachtet werden.

Durch Fourier-Analyse lassen sich die beschriebenen Vorgänge auf eine Summe bzw. ein Integral über monofrequente Wellen zurückführen. Wenn der Impulsstrom im Zeitmittel nicht verschwindet, bedeutet das eine endliche Amplitude der „Welle" mit der Frequenz $\omega = 0$, d.h. eine Verschiebung des gesamten Mediums. Dieser Fall ist charakteristisch für transiente Vorgänge mit anregenden Kräften, deren Zeitmittel von null verschieden ist.

2.7 Überlagerung von Körperschallfeldern

Im Rahmen der linearisierten Elastodynamik ist die Summe zweier
Lösungen der Bewegungsgleichung wieder eine Lösung derselben.
Impulsdichte und -stromdichte der „Summenlösung" erhält man wie
alle anderen Feldgrößen erster Ordnung durch lineare Überlagerung
der Feldgrößen der „Einzellösungen". Für die Größen zweiter Ordnung gilt diese Additivität im allgemeinen nicht. Dies belegt das einfache Beispiel der Überlagerung zweier identischer Lösungen, bei der
sich die Energiegrößen nicht verdoppeln, sondern vervierfachen. Es
gibt allerdings wichtige Fälle, in denen energetische Größen im zeitlichen Mittel additiv sind. Dazu gehört die Überlagerung zweier Lösungen mit sinusförmigen Zeitabhängigkeiten unterschiedlicher Frequenz.
Die „Kreuzterme" verschwinden nämlich bei der Integration über eine
Zeitspanne einer gemeinsamen Schwingungsperiode bzw. über eine
unendlich lange Zeit bei einem irrationalen Frequenzverhältnis. Von
den in der Regel komplizierten Überlagerungsverhältnissen bei insta-
tionären Vorgängen sehen wir ab und beschränken uns auf die Untersuchung der Überlagerung von Lösungen mit gleicher Frequenz. Dazu
wird wieder mit Vorteil die komplexe Schreibweise (siehe Abschnitt
2.2) verwendet.

Überlagert man zwei Lösungen (indiziert mit 1 und 2), ergeben
sich folgende Ausdrücke für die mittleren Energiedichten und die Intensität:

$$w_{kin} = \frac{\rho}{4}\left[\vec{V}_1 \cdot \vec{V}_1^* + \vec{V}_2 \cdot \vec{V}_2^* + 2\,\mathrm{Re}\{\vec{V}_1 \cdot \vec{V}_2^*\}\right], \qquad (2.7.1)$$

$$w_{pot} = \frac{1}{4}\left[\underline{\Sigma}_1 \cdots \underline{E}_1^* + \underline{\Sigma}_2 \cdots \underline{E}_2^*\right] + \frac{1}{2}\,\mathrm{Re}\{\underline{\Sigma}_1 \cdots \underline{E}_2^*\}, \qquad (2.7.2)$$

$$\vec{I} = -\frac{1}{2}\,\mathrm{Re}\{\underline{\Sigma}_1 \cdot \vec{V}_1^* + \underline{\Sigma}_2 \cdot \vec{V}_2^* + \underline{\Sigma}_1 \cdot \vec{V}_2^* + \underline{\Sigma}_2 \cdot \vec{V}_2^*\}. \qquad (2.7.3)$$

Die Bedingungen für eine Additivität dieser Größen lauten also:

$$\mathrm{Re}\{\vec{V}_1 \cdot \vec{V}_2^*\} = 0, \qquad (2.7.4)$$

$$\mathrm{Re}\{\underline{\Sigma}_1 \cdots \underline{E}_2^*\} = 0, \qquad (2.7.5)$$

$$\mathrm{Re}\{\underline{\Sigma}_1 \cdot \vec{V}_2^* + \underline{\Sigma}_2 \cdot \vec{V}_1^*\} = 0. \qquad (2.7.6)$$

Sie sollen nicht nur lokal, sondern im gesamten Medium gelten. Um triviale Fälle auszuschließen, wird angenommen, daß jede komplexe Vektor- bzw. Tensoramplitude mindestens eine von null verschiedene Komponente besitzt.

Im eindimensionalen homogenen Medium läßt sich die Frage nach der Additivität der energetischen Größen leicht beantworten. Man betrachte die allgemeine Lösung für Bereiche ohne äußere Krafteinwirkung: die Überlagerung einer nach rechts laufenden und einer nach links laufenden Welle.

$$V_1 = A_1 e^{ikx}, \qquad V_2 = A_2 e^{-i(kx+\varphi)}, \qquad A_1, A_2 > 0. \quad (2.7.7)$$

Mit dem elastischen Modul $\zeta = \rho c^2$ erhält man für jede Welle allein $(i = 1, 2)$

$$w_{kin}^{(i)} = \frac{\rho}{4} A_i^2, \qquad w_{pot}^{(i)} = \frac{\zeta}{4c^2} A_i^2 = w_{kin}^{(i)}, \qquad (2.7.8)$$

$$I_1 = \frac{1}{2} \rho c A_1^2, \qquad I_2 = -\frac{1}{2} \rho c A_2^2 \qquad (2.7.9)$$

und für die Überlagerung

$$w_{kin} = w_{kin}^{(1)} + w_{kin}^{(2)} + \frac{\rho}{2} A_1 A_2 \cos(2kx + \varphi),$$

$$(2.7.10)$$

$$w_{pot} = w_{pot}^{(1)} + w_{pot}^{(2)} - \frac{\rho}{2} A_1 A_2 \cos(2kx + \varphi),$$

$$I = I_1 + I_2. \qquad (2.7.11)$$

Die Zeitmittelwerte der kinetischen und potentiellen Energiedichten sind also nicht additiv, wohl aber der Zeitmittelwert der gesamten Energiedichte und die Intensität. Nicht additiv ist auch die zeitlich gemittelte Lagrange-Dichte und die Blindintensität:

$$Q_1 = Q_2 = 0 \qquad Q = \rho c A_1 A_2 \sin(2kx + \varphi). \quad (2.7.12)$$

Erst wenn eine zusätzliche räumliche Mittelung über wenigstens eine halbe Wellenlänge vorgenommen wird, sind alle genannten Größen

additiv. Auch das Rayleighsche Prinzip gilt für die Überlagerung nicht
lokal, sondern erst nach der räumlichen Mittelung. Die Energieausbreitungsgeschwindigkeit

$$c_e = \frac{I}{w_{tot}} = c\,\frac{1-\beta^2}{1+\beta^2}\,, \qquad 0 < \frac{A_2}{A_1} = \beta < \infty \qquad (2.7.13)$$

ist dem Betrage nach immer kleiner als die Phasen- und Gruppengeschwindigkeit der Teilwellen. Der Zusammenhang (2.5.1) ist nicht anwendbar, da man bei der Überlagerung gegenläufiger Wellen nicht mehr
von einer Wellengruppe im üblichen Sinne sprechen kann; eine Gruppengeschwindigkeit gibt es daher nicht.

Aus den eben gewonnenen Erkenntnissen darf nicht geschlossen
werden, die Energiedichte w_{tot} und die Intensität seien bei der Überlagerung beliebiger Wellen additiv. Die Überlagerung der stehenden
Wellen

$$V_1 = A_1 \cos(kx), \qquad V_2 = iA_2 \cos(kx + \varphi) \quad A_1, A_2 > 0 \qquad (2.7.14)$$

ergibt zwar die Additivität von w_{kin} und w_{pot} separat,

$$w_{kin} = \frac{\rho}{4} A_1^2 \cos^2(kx) + \frac{\rho}{4} A_2^2 \cos^2(kx + \varphi),$$

$$(2.7.15)$$

$$w_{pot} = \frac{\rho}{4} A_1^2 \sin^2(kx) + \frac{\rho}{4} A_2^2 \sin^2(kx + \varphi),$$

aber die Intensität stellt sich als nicht additiv heraus, wenn nicht die
räumliche Phasenverschiebung φ gleich 0° oder 180° ist:

$$I_1 = I_2 = 0, \qquad\qquad I = -\frac{1}{2}\rho c A_1 A_2 \sin\varphi. \qquad (2.7.16)$$

Dagegen ist die Blindintensität in diesem Fall additiv:

$$Q = \frac{1}{4}\rho c\left\{A_1^2 \sin(2kx) + A_2^2 \sin(2kx + 2\varphi)\right\} \qquad (2.7.17)$$

Die allgemeingültige Beziehung (2.3.7) läßt sich für beide Überlagerungsbeispiele leicht verifizieren.

Wiederum verkehrt wäre es zu glauben, nur bei der Überlagerung gegenläufiger Wellen sei die Additivität von w_{tot} und I gegeben. Um dies einzusehen, betrachte man die in die gleiche Richtung laufenden, aber um 90° gegeneinander verschobenen Wellen

$$V_1 = A_1 e^{ikx}, \qquad V_2 = A_2 e^{i\left(kx+\frac{\pi}{2}\right)}, \qquad A_1, A_2 > 0, \qquad (2.7.18)$$

die sich zu einer Welle mit der Phase Γ und der Amplitude B zusammensetzen, deren Quadrat die Summe der Quadrate der Amplituden der Teilwellen ist:

$$V = V_1 + V_2 = \left(A_1 + iA_2\right)e^{ikx} = B e^{i(kx+\Gamma)},$$

$$B^2 = A_1^2 + A_2^2, \qquad \Gamma = \arctan\left(\frac{A_2}{A_1}\right). \qquad (2.7.19)$$

Daraus folgt, daß sämtliche Zeitmittelwerte der energetischen Größen additiv sind. Zur Überlagerung (2.7.19) kann man eine weitere Welle mit Wellenzahl $+k$ und der Phase $\pm\pi/2$ hinzufügen, ohne daß diese Additivität verloren geht. Dieses Spielchen kann endlos fortgesetzt werden; die resultierende Welle besitzt nach $N-1$ Überlagerungen das Amplitudenquadrat

$$B_N^2 = \sum_{j=1}^{N} A_j^2 \qquad (2.7.20)$$

und die Phase

$$\Gamma_N = \arctan\left(\frac{A_N}{B_{N-1}}\right). \qquad (2.7.21)$$

Überlagert man die Teilwellen in anderer Reihenfolge, wird sich diese Additivität i.a. aber erst herausstellen, wenn alle N Teilwellen in der Summe enthalten sind.

Die Analyse dieser drei Beispiele lehrt, daß die Frage nach der Additivität der energetischen Größen bei der Überlagerung von Lösungen nicht pauschal beantwortet werden kann. Manchmal ist die Additivität gegeben, manchmal erst nach räumlicher Mittelung, manchmal gar nicht wie in (2.7.16). Fürs eindimensionale homogene Medium merke man sich am besten, daß bei einer Zerlegung des Wellenfelds in eine nach rechts und eine nach links laufende Teilwelle (2.7.7) die Intensität und die zeitlich gemittelte Gesamtenergiedichte additiv sind.

Zur Diskussion zwei- und dreidimensionaler Medien kehren wir zu den Bedingungen (2.7.4–6) zurück. Das Zeitmittel der kinetischen Energiedichte ist additiv, wenn die Schnelleamplituden der Teillösungen orthogonal aufeinander sind. Diese Orthogonalität ist eine hinreichende, jedoch keine notwendige Bedingung. Sie fordert nicht nur das Verschwinden des Realteils vom Produkt $\vec{V}_1 \cdot \vec{V}_2^*$, sondern auch das Verschwinden des Imaginärteils. Im eindimensionalen Beispiel (2.7.18–19) ist die Additivität gegeben, weil besagtes Produkt rein imaginär ist. Solche Spezialfälle sollen im folgenden nicht mehr berücksichtigt werden. Dies wird durch die Forderung erreicht, daß die Bedingungen (2.7.4–6) für beliebige Phasendifferenzen zwischen den Teillösungen erfüllt sein sollen. Durch Veränderung dieser Phasendifferenz kann ein Produkt nach Belieben reell oder imaginär gemacht werden. Folglich muß bei den Energiedichten auch der Imaginärteil der Produkte verschwinden:

$$\vec{V}_1 \cdot \vec{V}_2^* = 0, \qquad \underline{\Sigma}_1 \cdot\cdot \underline{E}_2^* = 0. \qquad (2.7.22)$$

Bei der Intensität ist das Verschwinden des Imaginärteils der Summe in (2.7.6) gleichbedeutend mit einer verschwindenden Blindintensität. Dies wäre eine zusätzliche Forderung, die mit der Forderung der Additivität der Wirkintensität nicht gekoppelt werden soll. Die Variation φ der Phasendifferenz zwischen zwei Teillösungen wirkt sich in (2.7.6) folgendermaßen aus:

$$\text{Re}\left\{\underline{\Sigma}_1 \cdot \vec{V}_2^* e^{i\varphi} + \underline{\Sigma}_2 \cdot \vec{V}_1^* e^{-i\varphi}\right\} = 0. \qquad (2.7.23)$$

Für beliebiges φ ist dies nur erfüllt, wenn die Realteile der beiden Produkte in (2.7.6) sich kompensieren und die Imaginärteile gleich sind. Diese Bedingung läßt sich bequem in der Form

$$\underline{\Sigma}_1 \cdot \vec{V}_2^* + \underline{\Sigma}_2 \cdot \vec{V}_1^* = 0 \qquad (2.7.24)$$

schreiben. Die entsprechende Bedingung für die Blindintensität erhält man durch Ersetzen des Pluszeichens durch ein Minuszeichen.

Wieviele Teillösungen mit beliebigen Phasendifferenzen untereinander können höchstens überlagert werden, wenn eine energetische

Größe sich additiv aus den Werten für die Teillösungen berechnen lassen soll? Die Antwort ist einfach für das Zeitmittel der kinetischen Energiedichte: höchstens n Teillösungen im n-dimensionalen Medium,
weil es auch bei Vektoren mit komplexen Komponenten nicht mehr als
n untereinander orthogonale Vektoren gibt. Für den potentiellen Anteil sind die Verhältnisse schwieriger. Wenn sich die beteiligten Tensor-
amplituden durch ihre Eigenwerte und -vektoren darstellen lassen,
kann die Bedingung (2.7.22b) umgeformt werden zu

$$\underline{\Sigma}_1 \cdot\cdot \underline{E}_2^* = \left(\sum_{\alpha=1}^{n} \overset{\alpha}{\sigma}\, \overset{\alpha}{\eta}\, \overset{\alpha}{\eta} \right) \cdot\cdot \left(\sum_{\beta=1}^{n} \overset{\beta}{\varepsilon}\, \overset{\beta}{\zeta}\, \overset{\beta}{\zeta} \right)^* = \sum_{\alpha,\beta} \overset{\alpha}{\sigma}\, \overset{\beta}{\varepsilon}^* \left(\overset{\alpha}{\eta} \cdot \overset{\beta}{\zeta}^* \right)^2 = 0, \quad (2.7.25)$$

die zu ihrer Erfüllung mehr Freiheiten zuläßt als (2.7.22a). So können
sich Terme in der Summe kompensieren, und jeder einzelne Term kann
verschwinden, indem das Skalarprodukt der Eigenvektoren oder das
Produkt der Eigenwerte verschwindet. Die beliebte Form (2.7.25) ist
jedoch nicht günstig für die Beantwortung der oben gestellten Frage,
denn nicht alle komplexen symmetrischen Tensoren lassen sich durch
ihre Eigenwerte und -vektoren darstellen (siehe Anhang D). Aus diesen Gründen ist der Wechsel zur Darstellung mit symmetrischen kartesischen Basistensoren $\underline{t}$ angezeigt [Anhang D, dort (D.24) für $n = 3$]:

$$\underline{\Sigma}_1 \cdot\cdot \underline{E}_2^* = \left(\sum_{\alpha=1}^{N} a_\alpha \underline{t}_\alpha \right) \cdot\cdot \left(\sum_{\beta=1}^{N} b_\beta^* \underline{t}_\beta \right)$$

$$= \sum_{\alpha=1}^{N} a_\alpha b_\beta^* = 0; \qquad N = \frac{n(n+1)}{2}.$$

$$(2.7.26)$$

Das Skalarprodukt zweier N-dimensionaler Vektoren muß verschwinden. Gemäß der Tatsache, daß höchstens N N-dimensionale Vektoren
paarweise orthogonal zueinander sind, gibt es höchstens N Teillösungen, die bei einer Überlagerung das Zeitmittel der potentiellen Energiedichte additiv sein lassen. Kann diese obere Grenze tatsächlich erreicht werden? Bei eindimensionalen Medien ($N = 1$) besteht daran kein
Zweifel; bei zwei- und dreidimensionalen Medien müßten $N = 3$ bzw.
$N = 6$ Teilwellen gefunden werden. Dies scheint nicht möglich zu sein.
Für $n = 2$ lassen sich im homogenen und isotropen Medium eine Kompressionswelle und eine Scherwelle gleicher Richtung überlagern, so
daß w_{pot} additiv ist. Aber jede weitere Welle verursacht Kreuzterme.

Für $n = 3$ ist die Kombination einer Kompressionswelle und zweier Scherwellen gleicher Richtung

$$\vec{V}_1 = v_0 \vec{e}_x e^{ik_l x}, \qquad \vec{V}_2 = v_0 \vec{e}_y e^{ik_t x}, \qquad \vec{V}_3 = v_0 \vec{e}_z e^{ik_t x}, \qquad (2.7.27)$$

aber auch die Kombination dreier Scherwellen in den drei Raumrichtungen

$$\vec{V}_1 = v_0 \vec{e}_y e^{ik_t x}, \qquad \vec{V}_2 = v_0 \vec{e}_z e^{ik_t y}, \qquad \vec{V}_3 = v_0 \vec{e}_x e^{ik_t z} \qquad (2.7.28)$$

additiv bezüglich w_{pot} und w_{kin} ($\vec{e}_i$: Einheitsvektor in i-Richtung). Beiden Kombinationen läßt sich noch eine Welle hinzufügen, so daß w_{pot} noch additiv bleibt, w_{kin} jedoch Kreuzterme erzeugt. Zur ersten Kombination addiere man z.B. die Scherwelle

$$\vec{V}_4 = v_0 \vec{e}_z e^{ik_t y}, \qquad (2.7.29)$$

zur zweiten z.B. die Kompressionswelle

$$\vec{V}_4 = v_0 \vec{e}_x e^{ik_l x}. \qquad (2.7.30)$$

Der Fall $n = 2$ kann aus (2.7.27-30) entnommen werden, indem beispielsweise alle Terme mit z gestrichen werden.

Bei der Konstruktion dieser Beispiele wurde angenommen, daß die Lamé-Konstante λ und damit die Poisson-Zahl σ von null verschieden sind, wie man das bei üblichen Materialien vorfindet. Das hat zur Folge, daß bei einer Kompressionswelle alle Diagonalkomponenten des Spannungstensors von null verschieden sind, auch wenn nur eine Diagonalkomponente des Verzerrungstensors ungleich null ist (siehe das Hookesche Gesetz (2.1.3)). Kompressionswellen können dann nicht überlagert werden, ohne daß Kreuzterme auftreten. Nur im exotischen Fall verschwindender Querkontraktion ist dies wieder möglich, wenn die Ausbreitungsrichtungen aufeinander senkrecht stehen. Nun kann die obere Grenze N tatsächlich erreicht werden: Man addiere zur Kombination (2.7.28) die drei Kompressionswellen

$$\vec{V}_4 = v_0 \vec{e}_x e^{ik_l x}, \qquad \vec{V}_5 = v_0 \vec{e}_y e^{ik_l y}, \qquad \vec{V}_6 = v_0 \vec{e}_z e^{ik_l z}. \qquad (2.7.31)$$

Das entsprechende Beispiel für $n = 2$ ergibt sich wieder durch Weglassen der Wellen, die beispielsweise die z-Koordinate enthalten: Es bleiben zwei Kompressionswellen und eine Scherwelle übrig.

Nun zur Intensität: Die Bedingung (2.7.24) sei – bei vorgegebenem $\vec{V}_1 = \vec{V}$ und $\underline{\Sigma}_1 = \underline{S}$ – als homogenes Gleichungssystem für die $n(n + 3)/2$ unbekannten Komponenten von $\vec{V}_2{}^* = \vec{W}$ und $\underline{\Sigma}_2{}^* = \underline{T}$ aufgefaßt. Da wenigstens eine Komponente von $\underline{S}$ von null verschieden sein muß, ist der Rang der Rechteckmatrix des Gleichungssystems gleich n. Dies wird deutlich am ausgeschriebenen Fall $n = 2$:

$$\begin{pmatrix} S_{11} & S_{12} & V_1 & V_2 & 0 \\ S_{12} & S_{22} & 0 & V_1 & V_2 \end{pmatrix} \begin{pmatrix} W_1 \\ W_2 \\ T_{11} \\ T_{12} \\ T_{22} \end{pmatrix} = \begin{pmatrix} 0 \\ 0 \end{pmatrix}. \tag{2.7.32}$$

Jede Komponente von $\vec{V}$ kommt in jeder Zeile in einer anderen Spalte vor, so daß sich wenigstens eine von null verschiedene $n \times n$ Unterdeterminante bilden läßt, aus der sich der Rang $r = n$ ableitet. Demnach gibt es $n(n + 1)/2$ linear unabhängige Lösungen $(\vec{W}, \underline{T})$. Zählt man $(\vec{V}, \underline{S})$ dazu, ergibt sich

n	$M = n(n + 1)/2 + 1$	$2n$
1	2	2
2	4	4
3	7	6

Für $n = 1$ und $n = 2$ ist $M = 2n$. In einer Dimension ist die Grenze $M = 2$ erreichbar (siehe (2.7.7–11)). Im exotischen Fall $\sigma = 0$ lassen sich mit orthogonalen Paaren gegenläufiger Kompressionswellen die Werte $M = 4$ und $M = 6$, also $M = 2n$ erreichen. $M = 7$ ist wohl nicht zu verwirklichen. Bei den sechs überlagerten Kompressionswellen stellt die „fehlende" siebte Lösung von (2.7.24) keine elastodynamische Welle dar, weil von ihren neun Komponenten nur eine Nichtdiagonalkomponente des Spannungstensors von null verschieden ist. Die Tatsache, daß die Komponenten von Spannung und Schnelle nicht vollständig unabhängig voneinander, sondern über das verallgemeinerte Hookesche Gesetz und die Bewegungsgleichung miteinander verknüpft sind, kann also dazu führen, daß eine Lösung des Gleichungssystems keine Teilwelle ist. Symmetrieargumente sprechen dafür, daß dies grundsätzlich für mindestens eine der sieben Lösungen der Fall ist: Intuitiv wird man für die „Maximal-Überlagerung" eine möglichst hohe Symmetrie erwarten. Da jede Teilwelle aufgrund ihrer Polarisation oder ihrer Ausbreitungsrichtung eine ausgezeichnete Richtung besitzt, ist mit sechs Teilwellen eine höhere Symmetrie erreichbar als mit sieben. Im Normalfall mit $\sigma \neq 0$ wird man sich für $n = 2$ mit einem Paar gegenläufiger Kompressionswellen oder Scherwellen, für $n = 3$ mit zwei parallelen Paaren gegenläufiger Scherwellen mit aufeinander senkrecht stehenden Polarisationen als maximaler Konfiguration mit additiver Intensität zufrieden geben müssen.

Es wird hier darauf verzichtet, weitere spezielle Beispiele zu analysieren. (Im Abschnitt 3.2 über Reflexionen an einer freien Oberfläche werden Überlagerungen zweier ebener Wellen noch ausführlich behandelt.) Zusammenfassend kann gesagt werden, daß die Überlagerungsmöglichkeiten jedenfalls sehr begrenzt sind, wenn Additivität der energetischen Größen verlangt wird. Unter Umständen sind sie größer für die Gesamtenergiedichte als für kinetische und potentielle Energiedichte separat. Die wichtigste Methode zur Erweiterung dieser Möglichkeiten dürfte die Bildung räumlicher Mittelwerte darstellen. Dies kann am eindimensionalen Beispiel (2.7.7) abgelesen werden, bei dem über eine halbe Wellenlänge integriert werden muß. Im mehrdimensionalen Fall können verschiedene Wellentypen und damit verschiedene Wellenlängen auftreten und eine Integration über ein größeres Gebiet erforderlich machen. In anderen Fällen wird auch eine Integration über den ganzen Raum nicht helfen (vergleiche (2.7.16)). Ist bei einer Überlagerung von Wellen eine bestimmte energetische Größe additiv, bedeutet dies keineswegs, daß sich die anderen energetischen Größen dabei ebenfalls additiv verhalten.

Im Prinzip schränkt die Notwendigkeit einer räumlichen Integration den gewünschten Nutzen der Additivität bei theoretischen oder experimentellen Anwendungen ein. Bei Stäben und Platten jedoch sind oft nur die über den Querschnitt integrierten energetischen Größen von Interesse. Die Additivität bei der Überlagerung von Stab- oder Plattenmoden ist daher eine eingehende Untersuchung wert. Pavić [2.37] demonstriert, daß zur genauen Darstellung des Energieflusses, der zwischen zwei Punktquellen auf einem dünnen Balken stattfindet, ziemlich viele Schwingungsmoden überlagert werden müssen.

Es gibt Bestrebungen, die Energieausbreitung in einem elastischen System mit Gleichungen vom Diffusions- oder Wärmeleitungstyp zu beschreiben. Besondere Beachtung verdienen in diesem Zusammenhang die russischen Arbeiten [2.38–40] sowie die amerikanische Arbeit [2.41] (wobei der Widerspruch zwischen Gl. (1) von [2.40] und Gl. (38) von [2.41] noch der Klärung bedarf). Voraussetzung für eine sinnvolle Anwendung dieser Methoden ist die Berücksichtigung der Materialdämpfung. In der Regel ist eine räumliche Mittelung über eine Wellenlänge erforderlich; der Anwendungsbereich liegt daher besonders bei mittleren und hohen Frequenzen. Man erhofft sich davon eine lokale Auflösung der eher globalen Information, wie sie die Statistische Energieanalyse (SEA) liefert.

Außergewöhnlicher Reiz ist den beiden Arbeiten von Carcaterra und Sestieri [Z.7; Z.8] eigen, die beweisen, daß die thermische Analogie im allgemeinen nicht gilt. Statt auf die gesamte Energiedichte richten sie dann ihr Augenmerk auf die kinetische Energiedichte, die – wenigstens für eindimensionale Strukturen – mit Hilfe einer Hilbert-Transformation räumlich geglättet wird. Für diese „einhüllende Energie" werden bemerkenswerte Gleichungen abgeleitet. (Eine genauere Beschreibung würde hier zu weit führen.) Wenn sich diese Formulierung auf zwei- und dreidimensionale Strukturen verallgemeinern läßt, darf man auf beträchtliche Fortschritte gegenüber SEA-Rechnungen gespannt sein.

Andere Versuche, mit „energetischen Formulierungen" ein dynamisches System elegant oder effektiv zu beschreiben, sind mit Fehlern behaftet oder bezüglich ihrer Korrektheit und Unentbehrlichkeit zumindest als zweifelhaft einzuschätzen [2.42–43]. Die erstgenannte Arbeit geht z.B. fälschlicherweise von der Additivität der Blindintensität und der Lagrange-Dichte für den oben behandelten Fall (2.7.7–12) aus. Von einer ausführlichen Diskussion wird an dieser Stelle abgesehen.

3 Homogene isotrope Körper

3.1 Allseitig unbegrenzte Körper

Elastische Wellen in einem homogenen isotropen Medium, das in allen Raumrichtungen unendlich ausgedehnt ist, sind einfach zu beschreiben und werden in jedem ernst zu nehmenden Lehrbuch über Körperschall behandelt. Gelegentlich werden dabei auch die energetischen Verhältnisse untersucht [2.13, S. 75–90]. Es genügt daher, die wesentlichen Gleichungen ohne ausführliche Erläuterungen zusammenzustellen.

Im elastisch isotropen Festkörper gibt es zwei Arten von ebenen Wellen,

$$\vec{u}(\vec{r}, t) = \vec{U} e^{i(\vec{k} \cdot \vec{r} - \omega t)}, \tag{3.1.1}$$

die sich durch ihre Polarisation unterscheiden. Die Kompressions- oder Dilatationswellen sind longitudinal ($\vec{U} \parallel \vec{k}$), die Scherwellen transversal ($\vec{U} \perp \vec{k}$) polarisiert. Ihre Phasengeschwindigkeiten

$$c_l = \sqrt{\frac{\lambda + 2\mu}{\rho}}, \qquad c_t = \sqrt{\frac{\mu}{\rho}} \tag{3.1.2}$$

und Wellenvektoren werden entsprechend mit l und t indiziert. Das Verschiebungsfeld (3.1.1) ist bei Longitudinalwellen wirbelfrei ($\nabla \times \vec{u} = 0$; Volumen- und Formänderungen ohne Drehungen), bei Transversalwellen quellenfrei ($\nabla \cdot \vec{u} = 0$; volumentreue Formänderungen). Ohne Beschränkung der Allgemeinheit kann die x-Richtung als Ausbreitungsrichtung einer Welle ausgewählt werden. Die Schnelleamplituden seien durch

$$\vec{V}_l = \begin{pmatrix} v_0 \\ 0 \\ 0 \end{pmatrix}, \qquad \vec{V}_t = \begin{pmatrix} 0 \\ v_0 \\ 0 \end{pmatrix} \tag{3.1.3}$$

gegeben. Während die Richtung bei longitudinaler Polarisation festgelegt ist, gibt es bei transversaler Polarisation unendlich viele gleich-

wertige Richtungen des Schnellevektors. Die Amplituden der Verzer-
rungs- und Spannungstensoren ergeben sich für die Wahl (3.1.3) zu

$$
\underline{E}_l = -\frac{v_0}{c_l}\begin{pmatrix} 1 & 0 & 0 \\ 0 & 0 & 0 \\ 0 & 0 & 0 \end{pmatrix}, \qquad \underline{E}_t = -\frac{v_0}{2c_t}\begin{pmatrix} 0 & 1 & 0 \\ 1 & 0 & 0 \\ 0 & 0 & 0 \end{pmatrix},
$$

$$
\underline{\Sigma}_l = -\rho c_l v_0 \begin{pmatrix} 1 & 0 & 0 \\ 0 & a & 0 \\ 0 & 0 & a \end{pmatrix}, \qquad \underline{\Sigma}_t = -\frac{1}{2}\rho c_t v_0 \begin{pmatrix} 0 & 1 & 0 \\ 1 & 0 & 0 \\ 0 & 0 & 0 \end{pmatrix}, \tag{3.1.4}
$$

$\big(a = \sigma /(1 - \sigma)\big)$. Die Energiedichten und -stromdichten und ihre zeitlichen Mittelwerte besitzen für beide Wellenarten die gleiche Form

$$
e_{kin} = e_{pot} = \frac{1}{2}\rho v_0^2 \cos^2(kx - \omega t), \qquad \vec{S} = \rho v_0^2 c \vec{e}_x \cos^2(kx - \omega t),
$$

$$
w_{kin} = w_{pot} = \frac{1}{4}\rho v_0^2, \qquad \vec{I} = \frac{1}{2}\rho v_0^2 c \vec{e}_x = \big(w_{kin} + w_{pot}\big)c\vec{e}_x. \tag{3.1.5}
$$

Die Wellenzahl k und die Geschwindigkeit c müssen nur mit dem gewünschten Index l oder t versehen werden. Die Gleichungen zeigen,
daß die Energieausbreitungs- und Gruppengeschwindigkeit momentan und im zeitlichen Mittel gleich der Phasengeschwindigkeit ist. Die
Blindintensität einer einzelnen Welle ist immer und überall null.

Überlagerungen solcher ebener Wellen wurden in den Abschnitten
2.3 (siehe Gl. (2.3.8–11)) und 2.7 angesprochen und bestimmen besonders die Ausführungen des folgenden Abschnitts über Reflexionen an
einer freien Oberfläche. Auch Kugel- oder Zylinderwellen können als
Überlagerungen ebener Wellen aufgefaßt werden; sie sind aber nur
möglich im Zusammenhang mit einer Inhomogenität des Mediums,
die die Singularität der Wellen vermeiden hilft (siehe Anhänge A und
B).

3.2 Körper mit einer kräftefreien ebenen Oberfläche

Der von einem elastischen Festkörper ausgefüllte Halbraum ist ebenfalls häufig Gegenstand der einschlägigen Lehrbücher. Reflexion von ebenen Wellen an einer kräftefreien Oberfläche heißt das beherrschende elastodynamische Thema. Der allgemeine Fall läßt sich darstellen als Linearkombination dreier Sonderfälle:

a) einfallende Longitudinalwelle (L-Welle)
b) einfallende Transversalwelle mit Polarisation in der Einfallsebene
    (T1-Welle)
c) einfallende Transversalwelle mit Polarisation senkrecht zur Einfallsebene (T2-Welle)

Die Einfallsebene wird vom Wellenvektor der einfallenden Welle und vom Normalenvektor der Oberfläche aufgespannt. Für die jeweils gleichartige reflektierte Welle gilt das vertraute Reflexionsgesetz Einfallswinkel = Ausfallswinkel. In den Fällen a) und b) können zusätzliche reflektierte Wellen auftreten:

a) T1-Welle unter kleinerem Reflexionswinkel
b) L-Welle unter größerem Reflexionswinkel

Die Amplituden der reflektierten Wellen relativ zur Amplitude der einfallenden Welle können bequem bei Landau-Lifschitz [2.5, S. 116] oder sogar mit graphischer Darstellung der Abhängigkeit von der Poisson-Zahl bei Pollard [2.8, S. 60–63] und Achenbach [2.6, S. 171–181] nachgeschlagen werden. Auch bei den Fällen a) und b) gibt es unter Umständen Winkel, bei denen nur eine reflektierte Welle auftritt, z.B. bei senkrechtem Einfall, bei vollständiger „Modenkonversion" (auch „Wellenkonversion" genannt) L → T1 oder T1 → L, oder wenn der Reflexionswinkel für die L-Welle bei b) größer als 90° würde. Im letzteren Fall bildet sich zusätzlich eine erzwungene Oberflächenwelle aus, deren Amplitude exponentiell mit dem Abstand zur Oberfläche abnimmt [2.13, S. 147–150; 2.6, S. 179–180].

Energetische Betrachtungen finden sich bei Cremer und Heckl [2.13, S. 146, 149] und bei Achenbach [2.6, S. 181–182]. In beiden Büchern wird eine Energiebilanz aufgestellt, die von einer räumlichen Begrenzung der Wellen auf jeweils einen Streifen parallel zum Wellenvektor ausgeht. Außerhalb dieser Streifen soll sich der Festkörper in Ruhe befinden. Daß auf den Begrenzungsflächen dieser Streifen die Bewegungsgleichungen verletzt sind, wird stillschweigend übergangen. Wenn man sich nun von dem Gebiet, in dem der einfallende Streifen reflektiert wird, genügend entfernt, findet keine Überlappung der Streifen mehr statt, und die Energiebilanz läßt sich ganz einfach aus den Einzelbeiträgen nicht überlagerter Wellen bilden. Obwohl dieses Vorgehen streng genommen nicht korrekt ist, steht das Ergebnis der Energiebilanz nicht im Widerspruch zu den aus den Randbedingungen an der Oberfläche bestimmten Amplituden der reflektierten Wellen.

Im folgenden wird gezeigt, wie sich die Überlagerung von einfallenden und reflektierten Wellen auf Energiedichten und Intensität auswirkt. Die gewohnte Additivität der energetischen Größen ergibt sich auch ohne die fragwürdige Streifenvorstellung, aber erst nach einer räumlichen Mittelung.

Abgesehen von den erzwungenen Oberflächenwellen, die hier nicht weiter verfolgt werden, lassen sich alle bei der Reflexion an der Oberfläche $y = 0$ vorkommenden Wellen mit

$$\vec{u}_n \quad = \quad A_n \vec{P}_n e^{i(\vec{k}_n \cdot \vec{r} - \omega t)},$$

$$\vec{k}_n \quad = \quad k_n \vec{e}_n; \qquad \vec{e}_n \cdot \vec{e}_z = 0,$$

$$\vec{P}_n \quad = \quad \begin{cases} \vec{e}_n & \text{L - Wellen} \\ \vec{e}_n \times \vec{e}_z & \text{für} \quad \text{T1 – Wellen} \\ \vec{e}_z & \text{T2 - Wellen} \end{cases} \qquad (3.2.1)$$

beschreiben ($\vec{e}_n$: Einheitsvektor in Ausbreitungsrichtung; $\vec{e}_z$: Einheitsvektor in z-Richtung; k_n ist gleich k_l oder k_t). Es handelt sich um linear polarisierte ebene Wellen, deren Amplituden als reell angenommen werden können. Zwei solcher Wellen werden nun überlagert:

$$\vec{u} = \vec{u}_1 + \vec{u}_2 \qquad (3.2.2)$$

Die energetischen Größen der Überlagerung setzen sich zusammen aus den Beiträgen der Teilwellen nach Gl. (3.1.5) und den Kreuztermen:

$$w_{kin} \quad = \quad w_{kin1} + w_{kin2} + w_{kin12},$$

$$w_{pot} \quad = \quad w_{pot1} + w_{pot2} + w_{pot12},$$

$$\vec{I} \quad = \quad \vec{I}_1 + \vec{I}_2 + \vec{I}_{12}. \qquad (3.2.3)$$

Die Kreuzterme ergeben sich zu

$$w_{kin12} = \frac{1}{2} A_1 A_2 \rho \omega^2 \Gamma_{12} \cos\left[\left(\vec{k}_1 - \vec{k}_2\right) \cdot \vec{r} \right],$$

$$w_{pot12} = \frac{1}{2} A_1 A_2 k_1 k_2 \Pi_{12} \cos\left[\left(\vec{k}_1 - \vec{k}_2\right) \cdot \vec{r} \right],$$

$$\vec{I}_{12} = \frac{1}{2} A_1 A_2 \omega \vec{\Lambda}_{12} \cos\left[\left(\vec{k}_1 - \vec{k}_2\right) \cdot \vec{r} \right]$$

(3.2.4)

mit

$$\Gamma_{12} = \vec{P} \cdot \vec{P},$$

$$\Pi_{12} = \lambda\left(\vec{e}_1 \cdot \vec{P}_1\right)\left(\vec{e}_2 \cdot \vec{P}_2\right) + \mu\left[\left(\vec{e}_1 \cdot \vec{e}_2\right)\left(\vec{P}_1 \cdot \vec{P}_2\right) + \left(\vec{e}_1 \cdot \vec{P}_2\right)\left(\vec{e}_2 \cdot \vec{P}_1\right) \right],$$

$$\vec{\Lambda}_{12} = \lambda\left[\left(\vec{k}_1 \cdot \vec{P}_1\right)\vec{P}_2 + \left(\vec{k}_2 \cdot \vec{P}_2\right)\vec{P}_1 \right] + \mu\left[\left(\vec{P}_1 \cdot \vec{P}_2\right)\left(\vec{k}_1 + \vec{k}_2\right) + \right.$$

(3.2.5)

$$\left. \left(\vec{k}_1 \cdot \vec{P}_2\right)\vec{P}_1 + \left(\vec{k}_2 \cdot \vec{P}_1\right)\vec{P}_2 \right].$$

Falls die Wellenvektoren der beiden Wellen nicht identisch sind, führt eine räumliche Mittelung zum Verschwinden der Kreuzterme. In Spezialfällen erübrigt sich diese Mittelung, nämlich wenn die Hilfsgrößen (3.2.5) null sind. Mit dem Winkel α zwischen den Ausbreitungsrichtungen gemäß

$$\cos\alpha = \vec{e}_1 \cdot \vec{e}_2, \qquad \sin\alpha = \left(\vec{e}_1 \times \vec{e}_2\right) \cdot \vec{e}_z$$

(3.2.6)

lauten diese für die sechs wesentlich verschiedenen Kombinationen zweier Wellenarten:

L-Welle + L-Welle:

$$\vec{P}_1 = \vec{e}_1, \qquad \vec{P}_2 = \vec{e}_2,$$

$$\Gamma_{12} = \cos\alpha, \qquad \Pi_{12} = \lambda + 2\mu\cos^2\alpha,$$

$$\vec{\Lambda}_{12} = k_l(\lambda + 2\mu\cos\alpha)(\vec{e}_1 + \vec{e}_2).$$

(3.2.7)

T1-Welle + T1-Welle:

$$\vec{P}_1 = \vec{e}_1 \times \vec{e}_z, \qquad \vec{P}_2 = \vec{e}_2 \times \vec{e}_z,$$

$$\Gamma_{12} = \cos\alpha, \qquad \Pi_{12} = \mu\cos(2\alpha),$$

$$\vec{\Lambda}_{12} = k_t\mu(2\cos\alpha - 1)(\vec{e}_1 + \vec{e}_2).$$

(3.2.8)

T2-Welle + T2-Welle:

$$\vec{P}_1 = \vec{P}_2 = \vec{e}_z,$$

$$\Gamma_{12} = 1, \qquad \Pi_{12} = \mu\cos\alpha,$$

$$\vec{\Lambda}_{12} = k_t\mu(\vec{e}_1 + \vec{e}_2).$$

(3.2.9)

L-Welle + T1-Welle:

$$\vec{P}_1 = \vec{e}_1, \qquad \vec{P}_2 = \vec{e}_2 \times \vec{e}_z,$$

$$\Gamma_{12} = \sin\alpha, \qquad \Pi_{12} = \mu\sin 2\alpha,$$

$$\vec{\Lambda}_{12} = (k_l\lambda + k_t\mu\cos\alpha)(\vec{e}_2 \times \vec{e}_z) + (2\vec{k}_1 + \vec{k}_2)\mu\sin\alpha.$$

(3.2.10)

L-Welle + T2-Welle:

$$\vec{P}_1 = \vec{e}_1, \qquad\qquad \vec{P}_2 = \vec{e}_z,$$

$$\Gamma_{12} = 0, \qquad\qquad \Pi_{12} = 0,$$
$$\hspace{10cm} (3.2.11)$$

$$\vec{\Lambda}_{12} = \left(k_l\lambda + k_t\mu \cos\alpha\right)\vec{e}_z.$$

T1-Welle + T2-Welle:

$$\vec{P}_1 = \vec{e}_1 \times \vec{e}_z, \qquad\qquad \vec{P}_2 = \vec{e}_z,$$

$$\Gamma_{12} = 0, \qquad\qquad \Pi_{12} = 0,$$
$$\hspace{10cm} (3.2.12)$$

$$\vec{\Lambda}_{12} = -k_t\mu\vec{e}_z \sin\alpha.$$

Die Bedingungen, unter welchen die Hilfsgrößen verschwinden, sind in Tab. 3.1 zusammengestellt. Es gibt Kombinationen, bei denen eine oder zwei der Hilfsgrößen immer oder nie gleich null sind. Manche Bedingungen betreffen nur den Winkel zwischen den Ausbreitungsrichtungen, andere schließen Vorschriften für die Poisson-Zahl mit ein.

Als konkretes Beispiel diene der in Abb. 3.1 skizzierte Fall, bei dem sich zwei L-Wellen und eine T1-Welle überlagern: Unter 40° fällt eine L-Welle in einem isotropen Festkörper mit der Poisson-Zahl $\sigma = 0.3$ ein. Der Reflexionswinkel für die T1-Welle beträgt ungefähr 20.1°. Ihre Amplitude ist fast doppelt so groß wie die der reflektierten L-Welle.

$$\vec{u} = \vec{u}_L + \vec{u}_{L'} + \vec{u}_{T1}. \hspace{5cm} (3.2.13)$$

Die Intensität setzt sich wie folgt zusammen:

$$\vec{I} = \vec{I}_L + \vec{I}_{L'} + \vec{I}_{T1} + \vec{I}_{LL'} + \vec{I}_{LT1} + \vec{I}_{L'T1}. \hspace{3cm} (3.2.14)$$

Es stellt sich heraus, daß die Wellenvektordifferenzen, die über den Kosinus in (3.2.4c) die Ortsabhängigkeit der Gesamtintensität bestimmen, nur eine y-Komponente besitzen, und zwar

	Bedingungen für		
Kombination	$\Gamma_{12} = 0$	$\Pi_{12} = 0$	$\vec{\Lambda}_{12} = 0$
L + L	$\alpha = \pm 90°$	$\cos^2 \alpha = \dfrac{-\sigma}{1 - 2\sigma}$	$\alpha = 180°$ oder $\cos \alpha = \dfrac{-\sigma}{1 - 2\sigma}$
T1 + T1	$\alpha = \pm 90°$	$\alpha = \pm 45°, \alpha = \pm 135°$	$\alpha = \pm 60°, 180°$
T2 + T2	nie erfüllt	$\alpha = \pm 90°$	$\alpha = 180°$
L + T1	$\alpha = 0°, 180°$	$\alpha = 0°, \pm 90°, 180°$	$\sigma = \dfrac{1}{3}$ und $\alpha = 180°$
L + T2	immer erfüllt	immer erfüllt	$\cos \alpha = \sqrt{\dfrac{2\sigma^2}{(1 - \sigma)(1 - 2\sigma)}}$
T1 + T2	immer erfüllt	immer erfüllt	$\alpha = 0°, 180°$

Tab.3.1:   Bedingungen für das Verschwinden der Kreuzterme (3.2.5) bei der Überlagerung zweier Wellen vom Typ (3.2.1). α ist der Winkel zwischen den
Ausbreitungsrichtungen, σ ist die Poisson-Zahl.

$$\vec{k}_{\mathrm{L}} - \vec{k}_{\mathrm{L'}} = 2k_l \cos \Theta_{\mathrm{L}} \vec{e}_y,$$

$$\vec{k}_{\mathrm{L}} - \vec{k}_{\mathrm{T1}} = k_l \left(+ \cos \Theta_{\mathrm{L}} + \sqrt{\beta^{-2} - \sin^2 \Theta_{\mathrm{L}}} \right) \vec{e}_y,$$

$$\vec{k}_{\mathrm{L'}} - \vec{k}_{\mathrm{T1}} = k_l \left(- \cos \Theta_{\mathrm{L}} + \sqrt{\beta^{-2} - \sin^2 \Theta_{\mathrm{L}}} \right) \vec{e}_y;$$

$$\tag{3.2.15}$$

$$\beta = \frac{c_t}{c_l} = \frac{k_l}{k_t} = \sqrt{\frac{1 - 2\sigma}{2 - 2\sigma}}.$$

θ_{L} ist der Einfalllswinkel der L-Welle (Abb. 3.1). Die Gesamtintensität
ist also nur vom Abstand $-y$ von der Oberfläche abhängig. Dies ist eine
Folge der Symmetrie des Problems (Translationsinvarianz bezüglich
der x-Richtung). Weiter stellt man fest, daß die Gesamtintensität nur
eine x-Komponente aufweist, obwohl eine y-Komponente aufgrund der
Symmetrie durchaus zulässig wäre und nur an der Oberfläche wegen
der Randbedingungen verschwinden müßte.

Beim Einfall einer T1-Welle bzw. einer T2-Welle sind die Verhält-

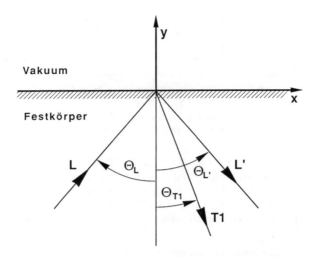

Abb. 3.1:   Reflexion einer unter $\Theta_L = 40°$ einfallenden Longitudinalwelle an der freien Oberfläche $y = 0$ eines isotropen Festkörpers mit der Poisson-Zahl $\sigma = 0.3$.

nisse entsprechend mit den Wellenvektordifferenzen

$$\vec{k}_{T1} - \vec{k}_{T1'} = 2k_t \cos\Theta_{T1}\vec{e}_y ,$$

$$\vec{k}_{T1} - \vec{k}_L = k_t\left(+\cos\Theta_{T1} + \sqrt{\beta^2 - \sin^2\Theta_{T1}}\right)\vec{e}_y ,$$

$$\vec{k}_{T1'} - \vec{k}_L = k_t\left(-\cos\Theta_{T1} + \sqrt{\beta^2 - \sin^2\Theta_{T1}}\right)\vec{e}_y .$$

(3.2.16)

bzw.

$$\vec{k}_{T2} - \vec{k}_{T2'} = 2k_t \cos\Theta_{T2}\vec{e}_y .$$

(3.2.17)

Während bei einer einfallenden T2-Welle nur eine räumliche Periode, nämlich

$$\frac{\lambda_t}{2\cos\Theta_{T2}}$$

(3.2.18)

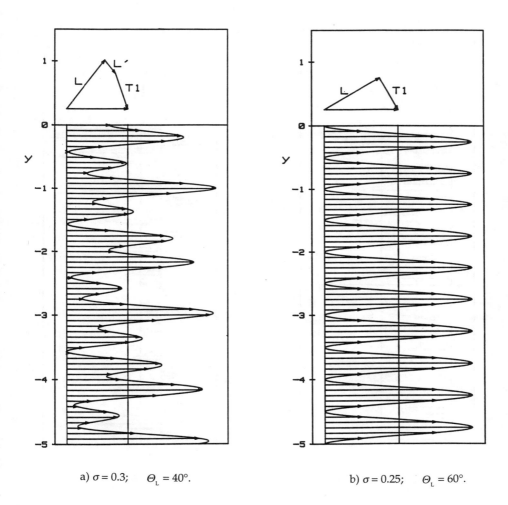

a) $\sigma = 0.3$; $\Theta_L = 40°$.

b) $\sigma = 0.25$; $\Theta_L = 60°$.

Abb. 3.2:   Intensitätsprofil bei der Reflexion einer Longitudinalwelle (Einfallswinkel Θ_L an der Oberfläche $y = 0$ eines isotropen Festkörpers (Poisson-Zahl σ). Als Längeneinheit wurde die Longitudinalwellenlänge gewählt; die Intensitätseinheit ist beliebig. Oberhalb $y = 0$ ist angedeutet, wie sich die räumlich gemittelte Intensität aus den Beiträgen der Teilwellen zusammensetzt (Bezeichnungen wie in Abb. 3.1). Der räumliche Mittelwert der Intensität ist unterhalb $y = 0$ durch eine vertikale Linie markiert.

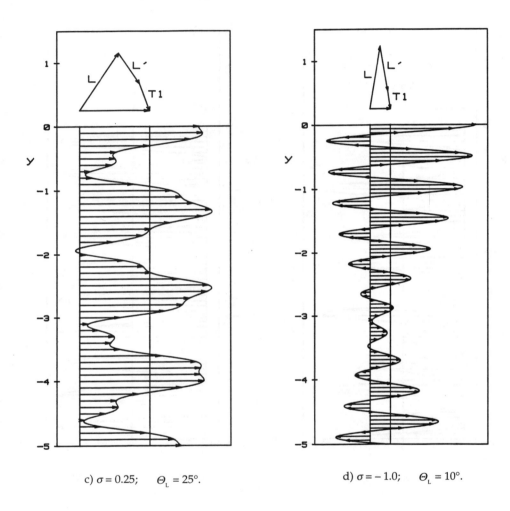

c) $\sigma = 0.25$; $\Theta_L = 25°$.

d) $\sigma = -1.0$; $\Theta_L = 10°$.

Fortsetzung von Abb. 3.2.

auftritt, überlagern sich in den anderen beiden Fällen drei räumliche Perioden, die im allgemeinen inkommensurabel sind. Die Abhängigkeit der Gesamtintensität vom Abstand zur Oberfläche zeigt dann ein quasiperiodisches Verhalten [3.1, S. 24; 3.2], und die Kreuzterme in (3.2.14) verschwinden erst bei einer Mittelung bis zu unendlicher „Tiefe". Dieses Phänomen ist in der Literatur bislang anscheinend nicht beschrieben worden. Zur Veranschaulichung seien deshalb einige „Intensitätsprofile" in Abb. 3.2 grafisch dargestellt.

Abb. 3.2a entspricht der in Abb. 3.1 skizzierten Situation; es überlagern sich drei räumliche Perioden (in Einheiten der Longitudinalwellenlänge: 0.6527, 0.3964, 1.0092). Daß die Intensität lokal auch in die negative x-Richtung zeigen kann, ist in Abb. 3.2c und vor allem im Grenzfall mit $\sigma = -1$ in Abb. 3.2d zu sehen. Alle drei genannten Profile erwecken den Eindruck quasiperiodischen Verhaltens. In Abb. 3.2b schließlich tritt eine vollständige Modenkonversion auf, die zu einem periodischen Intensitätsprofil führt.

Die Rayleighschen Oberflächenwellen werden im folgenden Abschnitt 3.3 über Platten behandelt. Der unendlich ausgedehnte Halbraum ergibt sich dort als Grenzfall der unendlich dicken Platte. Es ist nur zu beachten, daß die Platte immer zwei Oberflächen aufweist; bei gleicher Amplitude ist die Intensität der Oberflächenwelle auf dem Halbraum deshalb nur halb so groß wie auf der unendlich dicken Platte.

3.3 Platten

Die Erörterung der Intensität von Plattenwellen bewegt sich meistens im Rahmen der einfachen Biegewellentheorie, mit der Biegewellen auf dünnen Platten bei tiefen Frequenzen beschrieben werden können. Die diesbezüglichen Literaturstellen [1.5–8] wurden bereits in der Einleitung genannt. Die reinen Scherwellen werden von Achenbach [2.6, S. 209–211] behandelt. Ergebnisse zu Rayleigh-Wellen sind ebenfalls seit einiger Zeit verfügbar [3.3–5], aber wahrscheinlich wenig bekannt. Der allgemeine Fall der übrigen Plattenwellen bei beliebiger Frequenz und Plattendicke wurde erst in der Arbeit [3.6] des Verfassers umfassend dargestellt. Die vorliegenden Ausführungen folgen im wesentlichen dieser Arbeit.

Die Koordinatenwahl ist aus Abb. 3.3 ersichtlich. Wir betrachten Wellen der Form

$$\vec{u}(\vec{r}, t) = \begin{pmatrix} u_x(y) \\ u_y(y) \\ u_z(y) \end{pmatrix} e^{i(kx - \omega t)}, \tag{3.3.1}$$

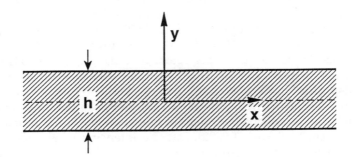

Abb. 3.3:   Koordinaten zur Beschreibung einer Platte der Dicke h.
Die z-Richtung steht senkrecht auf der Zeichenebene.

die sich in x-Richtung ausbreiten. Plattenwellen werden in vier Familien eingeteilt, deren einzelne Mitglieder Moden genannt werden. Die Moden der ersten beiden Familien sind reine Scherwellen, die nur Verschiebungen parallel zu den Oberflächen und senkrecht zur Ausbreitungsrichtung, d.h. parallel zur z-Richtung aufweisen. Sie werden auch SH-Wellen genannt („Shear-Horizontal", ein Ausdruck aus der Seismologie) und setzen sich aus den „T2-Wellen" des vorigen Abschnitts zusammen. Nach der Symmetrie ihres Verschiebungsfeldes werden diese Moden auf eine symmetrische Familie mit

$$u_z = A \cos(n\pi y/h), \qquad n = 0, 2, 4, \ldots \tag{3.3.2}$$

und eine antisymmetrische mit

$$u_z = A \sin(n\pi y/h), \qquad n = 1, 3, 5, \ldots \tag{3.3.3}$$

aufgeteilt (A: Amplitude). Für beide Familien gilt die Formel für die Phasengeschwindigkeit c,

$$c^2 = c_t^2 \left[1 + \left(\frac{n\pi}{kh} \right)^2 \right] = \frac{c_t^2}{\left[1 - \left(\frac{nc_t}{2fh} \right)^2 \right]}, \tag{3.3.4}$$

und die Beziehung zur Gruppengeschwindigkeit C:

$$Cc = c_t^2 \qquad (3.3.5)$$

Die restlichen beiden Familien besitzen keine Verschiebungskomponente in z-Richtung und werden gerne unter dem Namen Lamb-Wellen zusammengefaßt [2.4]. Sie sind – von Ausnahmen abgesehen – keine reinen Scherwellen und daher erheblich komplizierter zu beschreiben. Mit den Abkürzungen

$$\alpha_1 = \sqrt{1 - (c/c_l)^2}, \qquad \alpha_2 = \sqrt{1 - (c/c_t)^2},$$

$$\alpha_x = \frac{2\alpha_1\alpha_2}{1 + \alpha_2^2}, \qquad \alpha_y = \frac{2}{1 + \alpha_2^2},$$

$$R_s = \frac{\sinh(\alpha_1 kh/2)}{\sinh(\alpha_2 kh/2)}, \qquad R_a = \frac{\cosh(\alpha_1 kh/2)}{\cosh(\alpha_2 kh/2)}, \qquad (3.3.6)$$

lauten die x- und y-Komponenten der Verschiebungsfelder für die symmetrische Familie

$$u_x = iA\left[\cosh(\alpha_1 ky) - \alpha_x R_s \cosh(\alpha_2 ky)\right],$$

$$u_y = \alpha_1 A\left[\sinh(\alpha_1 ky) - \alpha_y R_s \sinh(\alpha_2 ky)\right], \qquad (3.3.7)$$

und für die antisymmetrische

$$u_x = iA\left[\sinh(\alpha_1 ky) - \alpha_x R_a \sinh(\alpha_2 ky)\right],$$

$$u_y = \alpha_1 A\left[\cosh(\alpha_1 ky) - \alpha_y R_a \cosh(\alpha_2 ky)\right]. \qquad (3.3.8)$$

(Die Symmetrie bezieht sich auf eine Spiegelung des Verschiebungsvektors an der Ebene $y = 0$.) Phasen- und Gruppengeschwindigkeiten der Lamb-Wellen müssen – i.a. mit numerischen Methoden – aus den nach Rayleigh und Lamb benannten transzendenten Gleichungen

$$\frac{4\alpha_1\alpha_2}{\left(1+\alpha_2^2\right)^2} = \left[\frac{\tanh\left(\alpha_2 kh/2\right)}{\tanh\left(\alpha_1 kh/2\right)}\right]^{\pm 1} \tag{3.3.9}$$

(„Rayleigh-Lamb frequency equations") gewonnen werden. Das Plus-zeichen bezieht sich auf die symmetrischen Lamb-Wellen, das Minus-zeichen auf die antisymmetrischen. Die Grundmode jeder Lamb-Fa-milie, d.h. die Mode mit der niedrigsten Phasengeschwindigkeit, ist von besonderer praktischer Bedeutung und wird oft nach ihrem Cha-rakter bei tiefen Frequenzen als Quasilongitudinalmode (symmetrisch) bzw. als Biegemode (antisymmetrisch) bezeichnet. Im Grenzfall hoher Frequenzen gehen beide Grundmoden in Rayleighsche Oberflächen-wellen über.

Wie bei der Reflexion von Wellen an der Oberfläche beschränken wir uns auch bei den Plattenwellen auf die zeitlichen Mittelwerte der energetischen Größen. Wieder ergibt sich eine y-Abhängigkeit, über die schließlich integriert wird. Die räumliche Mittelung wird mit spit-zen Klammern bezeichnet, z.B.

$$\left\langle w_{kin}\right\rangle = \frac{1}{h}\int_{-h/2}^{+h/2} w_{kin}(y)\mathrm{d}y. \tag{3.3.10}$$

Diese räumlich und zeitlich gemittelte kinetische Energiedichte wird im folgenden für alle Plattenmoden analytisch berechnet. Die übrigen Raum-Zeit-Mittelwerte können daraus mit Hilfe des Rayleighschen Prinzips (siehe Abschnitt 2.4)

$$\left\langle w_{kin}\right\rangle = \left\langle w_{pot}\right\rangle \tag{3.3.11}$$

und der Beziehung zwischen Energietransport und Gruppengeschwin-digkeit (siehe Abschnitt 2.5) abgeleitet werden. Letztere lautet für die einzige nicht verschwindende Intensitätskomponente

$$\left\langle I_x\right\rangle = C\left\langle w\right\rangle = C\left\langle w_{kin} + w_{pot}\right\rangle. \tag{3.3.12}$$

Mit (3.3.11–12) kann man sich die im Vergleich zu (3.3.10) sehr mühsa-me Integration von $w_{pot}(y)$ und $I_x(y)$ ersparen.

Um die Anzahl der unabhängigen Variablen zu reduzieren und eine möglichst allgemeingültige grafische Darstellung zu erzielen, gehen wir zu einer normierten Schreibweise über. Als Geschwindigkeitseinheit dient c_t, als Längeneinheit die Plattendicke h, als Einheit für die elastischen Konstanten der „Longitudinalwellen-Modul" $\lambda + 2\mu$. Die Einheiten aller übrigen mechanischen Größen sind damit festgelegt. Zur Veranschaulichung seien sie für eine 1 cm starke Eisenplatte mit $\sigma = 0.3$, $E = 200$ GPa, $\rho = 7800$ kg/m^{-3} angegeben:

$$c_t = 3140 \, \text{ms}^{-1},$$

$$c_t/h = 314 \, \text{kHz},$$

$$h/c_t = 3.18 \, \mu\text{s},$$

$$(\lambda + 2\mu)/c_t^2 = 27300 \, \text{kg m}^{-3},$$

$$\lambda + 2\mu = 269 \, \text{GPa} = 269 \, \text{GJ m}^{-3}, \qquad\qquad (3.3.13$$

$$(\lambda + 2\mu)h^3 = 269 \, \text{kJ},$$

$$(\lambda + 2\mu)c_t = 845 \, \text{TW m}^{-2} = 8.45 \cdot 10^{14} \, \text{W m}^{-2}.$$

Auf den ersten Blick erscheint die letzte Zahl astronomisch hoch und nicht geeignet als Maß für die Intensität elastodynamischer Wellen. Um jedoch zu einem Zahlenwert zu kommen, wird der Amplitude einer Welle ein Wert, und zwar im Geiste der Normierung die Längeneinheit, zugewiesen, was verständlicherweise zu unrealistisch hohen Intensitäten führt. Für die normierten Größen aber ergeben sich, wie für die grafische Darstellung erwünscht, Werte um eins herum. Um die Einführung neuer Bezeichnungen zu vermeiden, werden die im folgenden verwendeten normierten Größen mit den bisherigen Buchstaben benannt. Formal kann dies durch

$$c_t = h = \lambda + 2\mu = 1 \qquad\qquad (3.3.14)$$

ausgedrückt werden. Einige nützliche Beziehungen zwischen so normierten Größen sind:

$$\lambda = \frac{\sigma}{1-\sigma}, \qquad \mu = \frac{1-2\sigma}{2-2\sigma},$$

$$c_l^2 = \frac{2-2\sigma}{1-2\sigma}, \qquad \mu = c_l^{-2}, \qquad \rho = \mu. \tag{3.3.15}$$

Die grafischen Darstellungen wurden alle für ein Material mit dem Poisson-Verhältnis $\sigma = 0.3$ angefertigt.

3.3.1 Reine Scherwellen

Die Amplitude einer Schermode wird an der oberen Oberfläche gleich eins gesetzt:

$$u_z\left(y = \frac{1}{2}\right) = 1. \tag{3.3.16}$$

Das Zeitmittel der kinetischen Energiedichte wird damit zu

$$w_{kin}(y) = \pi^2 \mu f^2 |u_z|^2, \tag{3.3.17}$$

entsprechend der potentielle Anteil zu

$$w_{pot}(y) = \frac{1}{4}\mu\left[k^2|u_z|^2 + |u_z'|^2\right], \tag{3.3.18}$$

wobei der Apostroph die Ableitung nach y bedeutet. Mit (3.3.2–3) stellt man fest, daß bei der Frequenz $f = n/\sqrt{2}$ das Zeitmittel w_{pot} über dem Plattenquerschnitt konstant ist. Lokal sind w_{kin} und w_{pot} im allgemeinen verschieden (außer für die Grundmode $n = 0$, bei der sie überall gleich groß und unabhängig von y sind); erst die räumliche Mittelung führt zur Gleichheit

$$\langle w_{kin}\rangle = \langle w_{pot}\rangle = \frac{\pi^2}{2}\mu f^2, \tag{3.3.19}$$

die unabhängig von der Modennummer n ist! Im Gegensatz dazu hängt die mittlere Intensität

$$\langle I_x \rangle = \pi^2 \mu C f^2 = \pi^2 \mu \sqrt{1 - \frac{n^2}{4f^2}}\, f^2 \qquad (3.3.20)$$

von n ab, weil die Gruppengeschwindigkeit für verschiedene Moden verschieden ist. Die Beziehung (3.3.12) kann durch Integration von

$$I_x(y) = 2\pi^2 \mu |u_z|^2 \sqrt{1 - \frac{n^2}{4f^2}}\, f^2 \qquad (3.3.21)$$

verifiziert werden. Wie zu erwarten, tritt in allen diesen Ausdrücken als elastische Konstante nur der Schubmodul in Erscheinung.

Die Abb. 3.4–5 zeigen die y-Abhängigkeit der energetischen Größen für die Mode $n = 3$ bei zwei verschiedenen Frequenzen. Mit zunehmender Frequenz kommen sich w_{pot} und w_{kin}, aber auch Intensität und Gesamtenergiedichte w näher. Im Grenzfall unendlicher Frequenz ist das räumliche Mittel der Intensität für alle Moden gleich (Abb. 3.6):

$$\langle I_x \rangle = \pi^2 \mu f^2. \qquad (3.3.22)$$

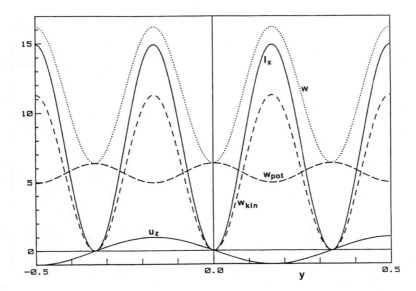

Abb. 3.4: Verschiebungskomponenten $u_z(y)$, Energiedichten $w_{kin}(y) + w_{pot}(y) = w(y)$ und Intensität $I_z(y)$ für die Schermode $n = 3$ bei der Frequenz $f = 2$ ($\sigma = 0.3$).

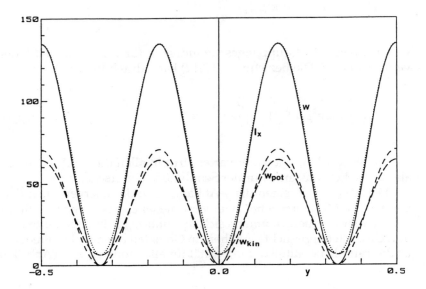

Abb. 3.5:   Wie Abb. 3.4, aber bei der Frequenz $f = 5$ und ohne $u_z(y)$.

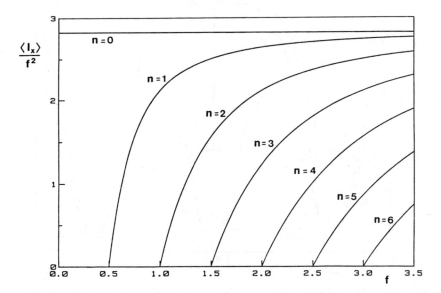

Abb. 3.6:   Mittlere Intensität $\langle I_x \rangle$ der Schermoden $n = 0 \ldots 6$ dividiert durch das Quadrat der Frequenz f als Funktion der Frequenz ($\sigma = 0.3$).

3.3.2 Lamb-Wellen

Die allgemeinen Beziehungen für Lamb-Wellen lauten mit den Verschiebungsfeldern (3.3.7–8):

$$w_{kin}(y) = \pi^2 \mu f^2 \left[|u_x|^2 + |u_y|^2 \right], \tag{3.3.23}$$

$$w_{pot}(y) = \frac{1}{4} \left[k^2 |u_x|^2 + |u_y'|^2 + 2\lambda k \, \text{Im}\{u_x^* u_y'\} + \mu |u_x' + iku_y|^2 \right], \tag{3.3.24}$$

$$I_x(y) = \pi f \left[\left(|u_x|^2 + \mu |u_y|^2 \right) k + \lambda \, \text{Im}\{u_x^* u_y'\} + \mu \, \text{Im}\{u_x' u_y^*\} \right]. \tag{3.3.25}$$

Wie im Falle der Reflexion an der kräftefreien Oberfläche eines Halbraums verschwindet die y-Komponente der Intensität überall in der Platte. Zum Beweis sei auf [3.6] verwiesen, wo außerdem Angaben zur Ableitung des Verschiebungsfeldes und zu den Verzerrungen und Spannungen zu finden sind. Im Prinzip können alle drei energetischen Größen analytisch über den Plattenquerschnitt gemittelt werden, da nur hyperbolische Funktionen auftreten. Glücklicherweise genügt es wegen (3.3.11–12), nur die einfachste Integration über $w_{kin}(y)$ durchzuführen. Man erhält für symmetrische Moden

$$\langle w_{kin} \rangle = \frac{\pi^2}{2} \mu f^2 |A|^2 \left\{ (S_1 + 1) + |\alpha_x|^2 |R_s|^2 (S_2 + 1) \right.$$

$$\left. + |\alpha_1|^2 \left[|S_1 - 1| + |\alpha_y|^2 |R_s|^2 |S_2 - 1| \right] - 4\alpha_1^2 \alpha_y S_1 \right\} \tag{3.3.26}$$

und für antisymmetrische Moden

$$\langle w_{kin} \rangle = \frac{\pi^2}{2} \mu f^2 |A|^2 \left\{ |S_1 - 1| + |\alpha_x|^2 |R_a|^2 |S_2 - 1| \right.$$

$$\left. + |\alpha_1|^2 \left[(S_1 + 1) + |\alpha_y|^2 |R_a|^2 (S_2 + 1) \right] - 4|\alpha_1|^2 \alpha_y S_1 \right\} \tag{3.3.27}$$

mit

$$S_m = \frac{\sinh(\alpha_m k)}{\alpha_m k} \qquad (m = 1, 2). \qquad (3.3.28)$$

Man beachte den kleinen Unterschied zwischen (3.3.26) und (3.3.27) im letzten Term. Er ist wesentlich für imaginäres α_1, d.h. für $c > c_l$. Mit (3.3.11–12) kann nun die mittlere Intensität für jede beliebige Lamb-Mode für beliebige Frequenzen ohne jede Näherung berechnet werden. Voraussetzung für die Anwendbarkeit der Formeln ist lediglich die Kenntnis der Phasen- und Gruppengeschwindigkeiten, die meistens mit numerischen Methoden erworben werden muß. Die beiden Grundmoden werden anschließend im einzelnen erörtert.

Die Quasilongitudinalmode

Phasen- und Gruppengeschwindigkeit der symmetrischen Grundmode sind in Abb. 3.7 für den Fall $\sigma = 0.3$ dargestellt. (Das Verhalten aller Ergebnisse ist sehr ähnlich für andere Zahlenwerte des Poisson-Verhältnisses innerhalb des typischen Bereichs zwischen $\sigma = 0.2$ und $\sigma = 0.3$).

Entsprechend der Wahl (3.3.16) wird die Amplitude der Quasilongitudinalmode so gewählt, daß die bei tiefen Frequenzen dominierende Verschiebungskomponente u_x an der oberen Oberfläche eins ist:

$$u_x\left(y = \frac{1}{2}\right) = 1. \qquad (3.3.29)$$

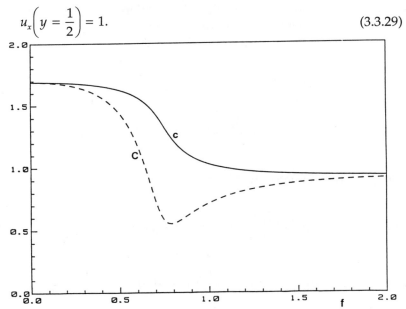

Abb. 3.7:   Phasengeschwindigkeit c und Gruppengeschwindigkeit C der Quasi-longitudinalmode als Funktion der Frequenz ($\sigma = 0.3$).

Das Verschiebungsfeld verändert sich erheblich, wenn man von tiefen zu hohen Frequenzen geht (Abb. 3.8). Während es bei $f = 0.5$ dem Grenzfall $f \to 0$ (konstantes u_x und kleines, lineares u_y) immer noch ähnlich sieht, zeigt die longitudinale Komponente u_x an der Oberfläche und in der Mitte der Platte bei mittleren Frequenzen in entgegengesetzte Richtungen. Bei $f = 10$ zeigt sich das für eine Oberflächenwelle typische Verhalten. An der Oberfläche ist die longitudinale Verschiebungskomponente der Quasilongitudinalmode nur bei tiefen Frequenzen dominant!

Die y-Abhängigkeit der energetischen Größen bei den vier Frequenzen der Abb. 3.8 kann anhand von Abb. 3.9 studiert werden. Außer bei tiefen Frequenzen, wo die Variation über den Querschnitt klein ist, tritt ein markantes lokales Minimum von w_{pot} knapp unterhalb der Oberfläche auf; w und I_x erreichen ihr Maximum an der Oberfläche.

Die Werte an der Oberfläche können Abb. 3.10 entnommen werden. Sowohl bei tiefen als auch bei hohen Frequenzen sind diese Oberflächengrößen offensichtlich proportional zum Quadrat der Frequenz. Dazwischen fällt die Singularität von w_{kin} bei $f = 1/\sqrt{2}$ auf, die durch die Vereinbarung (3.3.29) verursacht wird. Bei dieser Frequenz sind Phasen- und Gruppengeschwindigkeit von σ unabhängig (!) und analytisch bekannt:

$$c = \sqrt{2}, \qquad\qquad C = \frac{1}{2}\sqrt{2} \qquad\qquad (3.3.30)$$

Daraus folgt

$$u_x(y) \quad = \quad -A\cos(\pi y), \qquad\qquad u_y(y) \quad = \quad iA\sin(\pi y),$$

$$w_{kin}(y) \quad = \quad \frac{\pi^2}{2}|A|^2\mu, \qquad\qquad w_{pot}(y) \quad = \quad \pi^2|A|^2\mu\cos^2(\pi y),$$

$$I_x(y) \quad = \quad \sqrt{2}\pi^2|A|^2\mu\cos^2(\pi y), \qquad\qquad\qquad (3.3.31)$$

$$\langle w_{kin}\rangle \quad = \quad \langle w_{pot}\rangle = \frac{\pi^2}{2}|A|^2\mu, \qquad \langle I_x\rangle \quad = \quad \frac{\pi^2}{\sqrt{2}}|A|^2\mu$$

Die Forderung (3.3.29) führt zu einer unendlichen Amplitude A und damit zu unendlichem $w_{kin}(1/2)$, während w_{pot} und I_x an der Oberfläche endlich bleiben. Es ist bemerkenswert, daß in (3.3.31) nur der Schubmodul auftaucht, und in der Tat beschreiben die Verzerrungen und Spannungen

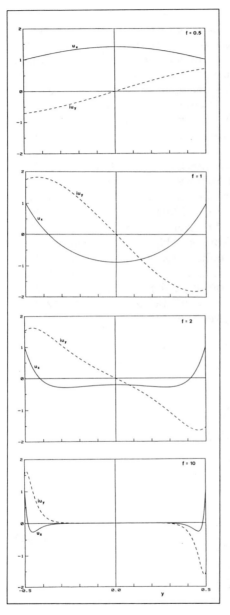

Abb. 3.8:   Verschiebungskomponen-
             ten $u_x(y)$ und $u_y(y)$ der
             Quasilongitudinalmode
             bei verschiedenen Fre-
             quenzen f ($\sigma = 0.3$).

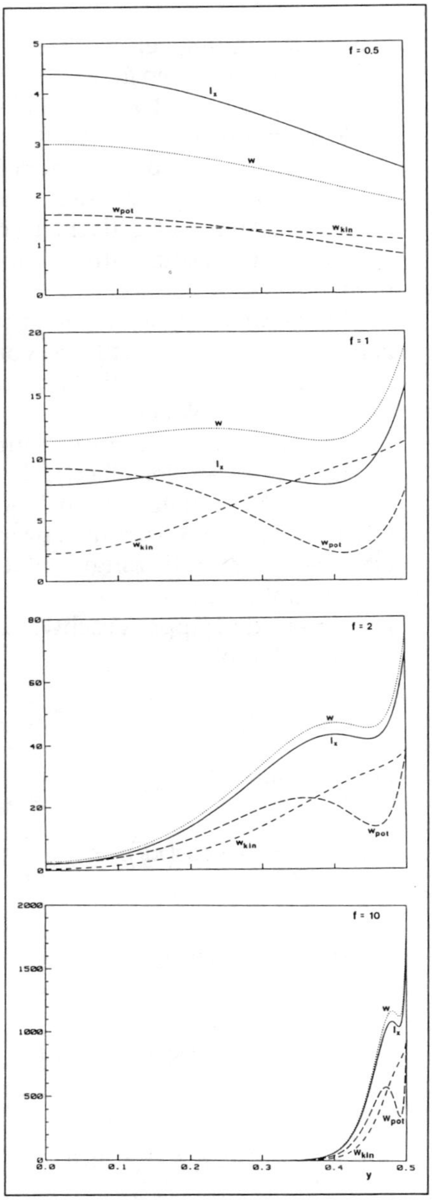

Abb. 3.9:   Energiedichten $w_{kin}(y)$ +
             $w_{pot}(y) = w(y)$ und Inten-
             sität $I_x(y)$ der Quasilongi-
             tudinalmode bei verschie-
             denen Frequenzen
             f ($\sigma = 0.3$).

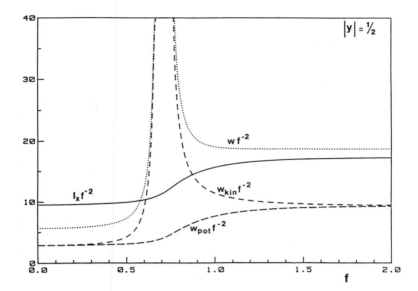

Abb. 3.10:   Oberflächenwerte der Energiedichten $w_{kin} + w_{pot} = w$ und der Intensitätskomponente I_x der Quasilongitudinalmode dividiert durch das Frequenzquadrat als Funktion der Frequenz ($\sigma = 0.3$).

$$\underline{\varepsilon} = i\pi A \cos(\pi y) \begin{pmatrix} -1 & 0 \\ 0 & 1 \end{pmatrix}, \qquad \underline{\sigma} = 2\mu\underline{\varepsilon} \qquad (3.3.32)$$

eine reine Scherung! Die Singularität in Abb. 3.10 spiegelt die Tatsache
wider, daß die Quasilongitudinalmode bei $f = 1/\sqrt{2}$ nicht durch Deh-
nungsmeßstreifen auf der Plattenoberfläche nachgewiesen werden
kann.

Bei tiefen Frequenzen verhalten sich die räumlichen Mittelwerte
$\langle w \rangle$ und $\langle I_x \rangle$ (Abb. 3.11) wie die entsprechenden Werte an der Oberfläche, da die Variation über den Querschnitt gering ist. Bei hohen Fre-
quenzen ist der Anstieg der Oberflächenwerte mit f^2 begleitet von einer Begrenzung der Welle auf ein immer kleiner werdendes Gebiet
unterhalb der Oberfläche, so daß der über den Querschnitt gemittelte
Anstieg nur proportional zur ersten Potenz der Frequenz ist. Die Näherungen für tiefe Frequenzen lauten:

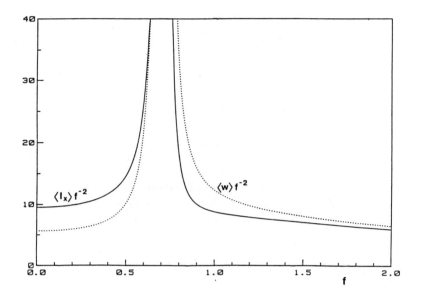

Abb. 3.11:   Mittlere Energiedichte $\langle w \rangle$ und mittlere Intensität $\langle I_x \rangle$ der Quasilongi-
             tudinalmode dividiert durch das Frequenzquadrat als Funktion der Fre-
             quenz ($\sigma = 0.3$).

$$c = C = \sqrt{\frac{2}{1-\sigma}}, \qquad \alpha_1 = \frac{\sigma}{1-\sigma}, \qquad \alpha_2 = i\sqrt{\frac{1+\sigma}{1-\sigma}}$$

$$u_x = 1, \qquad\qquad\qquad u_y = -i\alpha_1 k y, \qquad\qquad\qquad (3.3.33)$$

$$\langle w \rangle = 2w_{kin} = 2w_{pot} = 2\pi^2 \mu f^2, \qquad \langle I_x \rangle = \langle w \rangle C.$$

Für hohe Frequenzen findet man die Näherungen

$$R_s = R_a = e^{(\alpha_1 - \alpha_2)k/2},$$

$$u_x\!\left(\frac{1}{2}\right) = \frac{i}{2} A\left(1 - \alpha_x\right) e^{\alpha_1 k/2}, \qquad u_y\!\left(\frac{1}{2}\right) = \frac{\alpha_1}{2} A\left(1 - \alpha_y\right) e^{\alpha_1 k/2}, \qquad (3.3.34)$$

$$\langle w_{kin} \rangle = \frac{\pi}{8} \mu c_R f |A|^2 e^{\alpha_1 k} \left\{ \frac{1}{\alpha_1} + \alpha_1 \left(1 - 4\alpha_y \right) + \left(\alpha_1 \alpha_y \right)^2 \left(\frac{1}{\alpha_2} + \alpha_2 \right) \right\},$$

$$\langle I_x \rangle = 2 \langle w_{kin} \rangle c_R$$

mit $\alpha_1 > \alpha_2 > 0$ und der Rayleigh-Geschwindigkeit c_R. Die Amplitudenvereinbarung (3.3.29) führt im letzten Fall zu

$$|A|^2 = \frac{4e^{-\alpha_1 k}}{\left(1 - \alpha_x \right)^2} \tag{3.3.35}$$

und damit zu einer linearen Frequenzabhängigkeit von $\langle w \rangle$ und $\langle I_x \rangle$.

Die Anwendungsbereiche dieser Näherungen können aus Abb. 3.12 abgelesen werden. Abgesehen vom Bereich um die Singularität machen die Näherungen einen ziemlich guten Eindruck. Die Fehler sind in der Tat kleiner als 20% für $f \leq 0.4$ und $f \geq 1.5$. Die Bereiche mit Fehlern kleiner 10% (5%) sind $f \leq 0.3$ (0.1) und $f \geq 1.9$ (3.0).

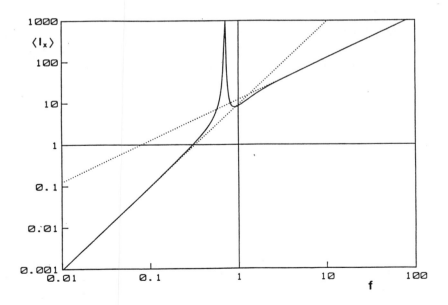

Abb. 3.12:   Mittlere Intensität $\langle I_x \rangle$ der Quasilongitudinalmode mit Näherungen für tiefe und hohe Frequenzen (punktierte Linien; $\sigma = 0.3$).

Die Biegemode

Phasen- und Gruppengeschwindigkeit der antisymmetrischen Grundmode sind in Abb. 3.13 dargestellt. Ihre Amplitude ist so gewählt, daß
die y-Komponente des Verschiebungsvektors an der oberen Oberfläche gleich eins ist:

$$u_y\left(y = \frac{1}{2}\right) = 1. \tag{3.3.36}$$

Das Verschiebungsfeld ist in Abb. 3.14 für verschiedene Frequenzen
gezeichnet. Das tieffrequente Verhalten (konstantes u_y und kleines, lineares u_x) erstreckt sich über einen etwas kleineren Frequenzbereich
als bei der Quasilongitudinalmode. Der Übergang zur Oberflächenwelle geht „weicher" vonstatten als bei der symmetrischen Grundmode, weil weder u_y noch u_x an der Oberfläche null werden.

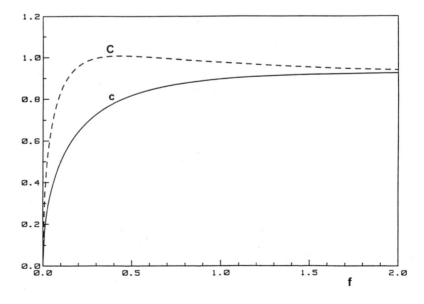

Abb. 3.13:   Phasengeschwindigkeit c und Gruppengeschwindigkeit C der Biege-
              mode als Funktion der Frequenz ($\sigma = 0.3$).

Die y-Abhängigkeit der verschiedenen energetischen Größen ist in Abb. 3.15 für die vier Frequenzen der Abb. 3.14 dargestellt. Bei $f = 0.1$ nehmen Energiedichten und Intensität von der Mitte zur Oberfläche der Platte zu. (Abb. 3.9, $f = 0.5$ zeigt das entgegengesetzte Verhalten!) Wie zu erwarten, werden die Profile der beiden Grundmoden mit wachsender Frequenz immer ähnlicher.

Bei hohen Frequenzen sind Energiedichten und Intensität an der Oberfläche proportional zur Frequenz im Quadrat (Abb. 3.16). Bei tiefen Frequenzen verhalten sich die genannten Größen unterschiedlich, da die Gruppengeschwindigkeit von Biegewellen proportional zu $\sqrt{f}$ ist. Dies gilt sowohl an der Oberfläche als auch im räumlichen Mittel (Abb. 3.17), denn I_x und w sind näherungsweise unabhängig von y im Grenzfall $f \to 0$.

Als tieffrequente Näherung niederster Ordnung (einfache Biegewellentheorie) erhält man:

$$c_B \;=\; \frac{\sqrt{2\pi f}}{\sqrt[4]{6(1-\sigma)}}\,, \qquad C_B \;=\; 2c_B\,, \quad k_B = \sqrt[4]{6(1-\sigma)}\,\sqrt{2\pi f},$$

$$u_x \;=\; -iky, \qquad\qquad u_y \;=\; 1, \tag{3.3.37}$$

$$\langle w \rangle \;=\; 2w_{kin} = 2\pi^2 \mu f^2, \quad \langle I_x \rangle = \langle w \rangle C_B.$$

Offensichtlich ist das Raum-Zeit-Mittel der Energiedichte für beide Grundmoden gleich groß, wenn die Frequenz gegen null geht und die Amplituden entsprechend (3.3.29) und (3.3.36) gewählt sind. Man beachte, daß $\langle w \rangle$ nur vom Schubmodul und nicht vom Kompressionsmodul (in normierter Form: $(1+\sigma)/[3(1-\sigma)]$) abhängt, während $\langle I_x \rangle$ wie die Gruppengeschwindigkeit von beiden Moduln abhängt. In der Näherung (3.3.37) ist die mittlere Intensität der Biegemode proportional zu $f^{5/2}$.

Die Ausdrücke für die Hochfrequenznäherung sind mit (3.3.34) identisch. Die Ergebnisse für die beiden Grundmoden sind trotzdem verschieden, weil die Amplituden verschieden gewählt wurden. Wegen (3.3.36) gilt hier

$$|A|^2 = \frac{4e^{-\alpha_1 k}}{\alpha_1^2\left(1-\alpha_y\right)^2}\,. \tag{3.3.38}$$

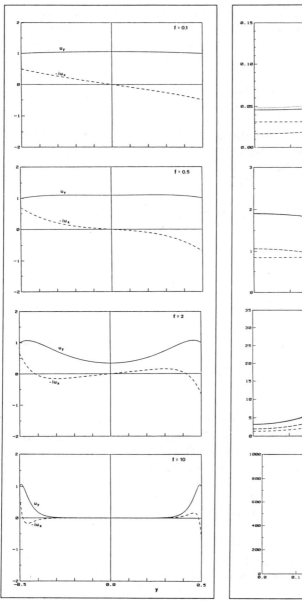

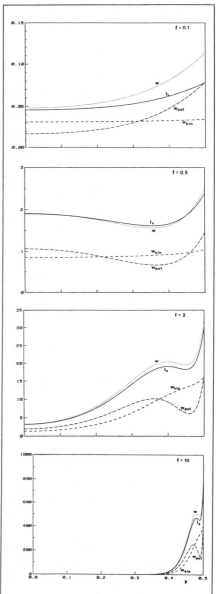

Abb. 3.14: Verschiebungskomponenten $u_x(y)$ und $u_y(y)$ der
Biegemode bei verschiede-
nen Frequenzen f ($\sigma = 0.3$).

Abb. 3.15: Energiedichten $w_{kin}(y)$ +
$w_{pot}(y) = w(y)$ und Intensität $I_x(y)$ der Biegemode
bei verschiedenen Frequenzen f ($\sigma = 0.3$).

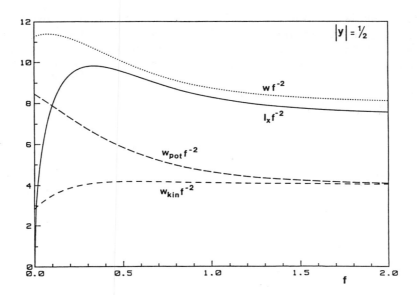

Abb. 3.16:   Oberflächenwerte der Energiedichten $w_{kin} + w_{pot} = w$ und der Intensitätskomponente I_x der Biegemode dividiert durch das Frequenzquadrat als Funktion der Frequenz ($\sigma = 0.3$).

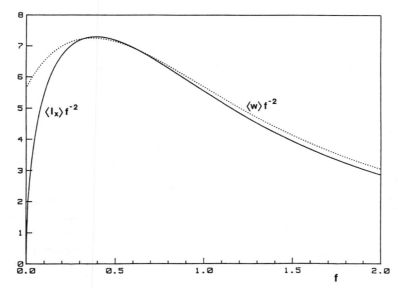

Abb. 3.17:   Mittlere Energiedichte $\langle w \rangle$ und mittlere Intensität $\langle I_x \rangle$ der Biegemode dividiert durch das Frequenzquadrat als Funktion der Frequenz ($\sigma = 0.3$).

Die doppelt-logarithmische Darstellung Abb. 3.18 vermittelt einen Eindruck von der Genauigkeit der Näherungen für tiefe und hohe Frequenzen. Die Lücken, in denen die Näherungen nicht benutzt werden können, sind breiter als im quasilongitudinalen Fall, insbesondere wenn nur kleine Fehler zugelassen werden. Der Fehler ist geringer als 20% für $f \leq 0.13$ und $f \geq 0.67$. Die Bereiche mit Fehlern kleiner als 10% (5%) sind $f \leq 0.065$ (0.007) und $f \geq 0.77$ (3.0).

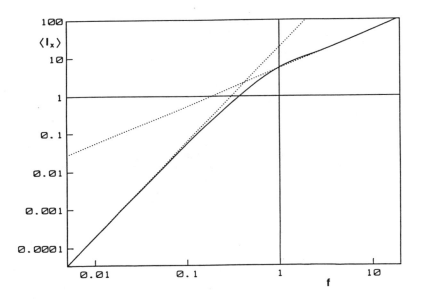

Abb. 3.18: Mittlere Intensität $\langle I_x \rangle$ der Biegemode mit Näherungen für tiefe und hohe Frequenzen (punktierte Linien; $\sigma = 0.3$).

3.3.3 Konventionelle Biegewellenintensität

Die Biegewellenintensität wird üblicherweise mit zwei Beschleunigungsaufnehmern gemessen, die längs der Ausbreitungsrichtung auf der Platte befestigt sind. Ihr Abstand sollte klein zur Biegewellenlänge sein, um eine gute Annäherung an die räumliche Ableitung der Beschleunigung zu erzielen, die in der bekannten Formel für die Biegewellenintensität I_B benötigt wird:

$$I_B = -\frac{\sqrt{B\rho h}}{\omega h} \mathrm{Re}\left\{ a_y \int \frac{a_y^*}{x} \, \mathrm{d}t \right\}. \tag{3.3.39}$$

$B = Eh^3/[12(1 - \sigma^2)]$ bedeutet die Biegesteife und a_y die Normalkomponente der Beschleunigung an der Oberfläche $y = 1/2$. (Oft wird hI_x mit der Dimension Leistung pro Längeneinheit als Biegewellenintensität definiert. Wir bevorzugen die Definition (3.3.39), die mit der allgemeinen Intensitätsdefinition (2.2.18) konsistent ist.) Gl. (3.3.39) gilt für monofrequente Biegewellen und kann zu

$$I_B = \frac{h}{2} \sqrt{\frac{E\rho}{3(1 - \sigma)^2}}\, \omega^2 k \left| u_y\left(y = \frac{1}{2}\right) \right|^2 \tag{3.3.40}$$

umgeformt werden, wobei

$$\left| u_y\left(y = \frac{1}{2}\right) \right|^2 = |A|^2 \alpha_1^2 \left(1 - \alpha_y\right)^2 \cosh^2\left(\alpha_1 kh/2\right). \tag{3.3.41}$$

Mit der Amplitudenkonvention (3.3.36) und der bisher benutzten Normierung reduziert sich (3.3.40) zu

$$I_B = \frac{1 - 2\sigma}{2\sqrt{6(1 - \sigma)^3}}\, \omega^2 k. \tag{3.3.42}$$

Im Grenzfall tiefer Frequenzen stimmt dies mit (3.3.37) überein. Vergleicht man die durch Messung auf konventionelle Art gewonnene Intensität I_B mit der exakten mittleren Intensität $\langle I_x \rangle$, stellt man fest, daß I_B immer größer ist als der exakte Wert. Der relative Fehler

$$\delta = \frac{I_B - \langle I_x \rangle}{\langle I_x \rangle} \tag{3.3.43}$$

ist also immer positiv. Für $f \to 0$ ist er proportional zur Frequenz und beträgt schon bei $f = 0.01$ einige Prozent (Abb. 3.19). Die oberen Grenzen für relative Fehler kleiner als 20%, 10%, 1% liegen bei einer Poisson-Zahl $\sigma = 0.3$ bei $f \leq 0.073, 0.037, 0.004$.

Die einfache Biegewellentheorie wird als gültig angesehen, wenn die Wellenlänge sechsmal größer als die Plattendicke ist, d.h. für $k < \pi/3 \approx 1.05$, was Frequenzen unterhalb von $f = 0.073$ ($\sigma = 0.3$) entspricht. Jenseits dieser Frequenz übersteigt der Fehler in der Geschwindigkeitsnäherung 10% und in der Intensitätsnäherung (3.3.42) 20%. In vielen Anwendungen mögen Fehler in dieser Größenordnung ohne weiteres tragbar sein. Wenn eine höhere Genauigkeit erwünscht oder notwendig ist, kann nun der Fehler in der konventionellen Messung der Biegewellenintensität auf der Basis von (3.3.43) korrigiert werden. Der Fehler kann entweder aus Abb. 3.19 abgeschätzt oder aufgrund von (3.3.27) und (3.3.66) berechnet werden. Auf diese Weise kann die Intensität der Biegemode im Prinzip bei beliebigen Frequenzen mit der konventionellen Methode gemessen werden. In der praktischen Anwendung sollte dies wenigstens unterhalb des Auftretens höherer Moden gelingen, d.h. unterhalb von $f = 0.5$, wo nur die mögliche Anregung der Quasilongitudinalmode stören kann. Ihr Anteil an der y-Komponente der Beschleunigung kann eliminiert werden, wenn auf beiden Seiten der Platte gemessen wird, da die Verschiebungsfelder beider Grundmoden verschiedene Symmetrie besitzen.

Energiedichten und Intensitäten höherer Lamb-Moden können mit den allgemeinen Gleichungen (3.3.26–27) untersucht werden. Der Aufwand ist nicht größer als bei den beiden Grundmoden, wenn nur Phasen- und Gruppengeschwindigkeit bekannt sind. Hinweise zur numerischen Berechnung dieser Geschwindigkeiten für die beiden Grundmoden sind im Anhang von [3.6] gegeben. Bei den höheren Moden kann es vorkommen, daß die Gruppengeschwindigkeit bisweilen negativ wird. Dies haben 1957 Tolstoy und Usdin [Z.9] entdeckt. Der Ener-

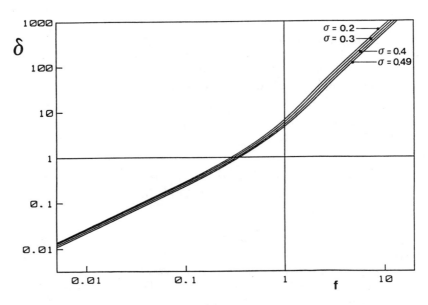

Abb. 3.19:   Relativer Fehler (3.3.43) der Biegewellenintensität (3.3.42) als Funktion der Frequenz für verschiedene Poisson-Zahlen.

gietransport und die Bewegung der Flächen mit gleicher Phase erfolgen dann in entgegengesetzten Richtungen.

3.4 Stäbe

Die Moden in einem unendlich langen, homogenen und elastisch isotropen Stab lassen sich – in ähnlicher Weise wie im vorigen Abschnitt die Plattenmoden – analytisch behandeln, sofern der Querschnitt kreisförmig und längs der Stabachse konstant ist. In dem Handbuchartikel von Meeker und Meitzler [3.7, S. 130–141] und in den Lehrbüchern von Achenbach [2.6, S. 236–249] und Beltzer [2.9, S. 147–152] wird gezeigt, wie man mit geeigneten Ansätzen für eine skalare und eine vektorielle Potentialfunktion zum Verschiebungsfeld und zu den Dispersionsbeziehungen gelangt. Zweckmäßigerweise werden Zylinderkoordinaten benutzt (Abb. 3.20).

Die Komponenten des Verschiebungsfeldes bezüglich der orthonormalen Basis lauten

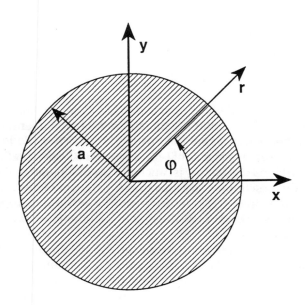

Abb. 3.20:   Koordinaten zur Beschreibung eines Kreiszylinders mit Radius *a*.
             Die z-Achse steht senkrecht auf der Zeichenebene.

$$u_r = \left[+f_1' + \frac{nf_3}{r} + ikf_2\right]\cos(n\varphi)e^{i(kz-\omega t)},$$

$$u_\varphi = \left[-f_3' - \frac{nf_1}{r} + ikf_2\right]\sin(n\varphi)e^{i(kz-\omega t)},$$

(3.4.1)

$$u_z = \left[-f_2' - \frac{(n+1)f_2}{r} + ikf_1\right]\cos(n\varphi)e^{i(kz-\omega t)}$$

mit den Abkürzungen

$$f_1 = AJ_n(pr), \quad f_2 = BJ_{n+1}(qr), \quad f_3 = CJ_n(qr); \quad f_i' = \frac{\partial f_i}{\partial r}, \quad (3.4.2)$$

die die Amplituden A, B, C und Besselfunktionen erster Art enthalten. Die Größen p und q im Argument sind durch die Kreisfrequenz ω, die Geschwindigkeiten c_l und c_t von Longitudinal- und Transversalwellen im unendlichen Medium und die Wellenzahl k bestimmt:

$$p^2 = \left(\frac{\omega}{c_l}\right)^2 - k^2, \qquad q^2 = \left(\frac{\omega}{c_t}\right)^2 - k^2.$$

(3.4.3)

(Bei Meeker und Meitzler fehlt in den (3.4.1) entsprechenden Gleichungen [3.7, S. 132] dreimal die imaginäre Einheit; außerdem ist ein Vorzeichen verkehrt.) Damit die Lösung bezüglich φ die Periode 2π besitzt, muß n eine ganze Zahl sein. Um für $n = 0$ alle möglichen Schwingungsformen zu erhalten, ist auch die Lösung heranzuziehen, die sich durch Vertauschung von Sinus und Kosinus in (3.4.1) ergibt. Alternativ kann man in (3.4.1) zum Argument $n\varphi$ einen konstanten Winkel φ_0 addieren und diesen so wählen, daß sich die gewünschten Verschiebungsfelder einstellen.

Durch die Randbedingungen (kräftefreie Oberfläche) werden die Phasengeschwindigkeit $c = \omega/k$ und die Verhältnisse zwischen A, B und C festgelegt. Für jedes $n \geq 0$ existieren unendlich viele Moden, die zu Familien zusammengefaßt werden. Bei $n = 0$ unterscheidet man eine „Torsionsfamilie" und eine „Longitudinalfamilie", die Moden mit $n = 1$ bilden die „gewöhnliche Biegewellenfamilie", während jene mit $n > 1$ als „Biegewellenfamilien höherer Ordnung" bezeichnet werden. Die Torsionsfamilie entspricht den reinen Schermoden in der Platte, die

Longitudinalfamilie und die gewöhnliche Biegewellenfamilie entsprechen den symmetrischen bzw. antisymmetrischen Lamb-Wellen. Im
Gegensatz zu den Plattenmoden, bei denen kein Parameter n auftritt
und sich eine Aufteilung in vier Familien anbietet, gibt es beim Stab
unendlich viele Modenfamilien.

Die analytische Berechnung der über den Querschnitt gemittelten
Intensität einer Mode erfolgt wie im vorigen Abschnitt über das Zeitmittel der kinetischen Energiedichte:

$$w_{kin} = \frac{\rho}{4}|\dot{u}|^2 = \frac{\rho\omega^2}{4}\left\{|u_r|^2 + |u_\varphi|^2 + |u_z|^2\right\}. \tag{3.4.4}$$

Die bei der räumlichen Mittelung dieser Größe anstehende φ-Integra-
tion liefert einen Faktor π (dies gilt wie die folgende Gleichung für $n > 0$;
bei $n = 0$ ergibt sich bei den Termen mit Sinus null, bei denen mit Kosinus 2π); die eigentliche Arbeit ist bei der radialen Integration zu lei-
sten:

$$\langle w_{kin}\rangle = \frac{\rho\omega^2}{4a^2}\int_0^a r\,\mathrm{d}r\left\{k^2\left(f_1^2 + f_2^2\right) + f_1'^2 + f_2'^2 + f_3'^2 + \frac{2n}{r}\left(f_1'f_3 + f_1 f_3'\right)\right.$$

$$\left. + \frac{2(n+1)}{r}f_2'f_2 + \left(\frac{n}{r}\right)^2\left(f_1^2 + f_3^2\right) + \left(\frac{n+1}{r}\right)^2 f_2^2\right\}. \tag{3.4.5}$$

Wegen

$$\int\left(f_1' f_3 + f_1 f_3'\right)\mathrm{d}r = f_1 f_3, \quad \int f_2' f_2\mathrm{d}r = \frac{1}{2}f_2^2 \tag{3.4.6}$$

bereitet die Integration der entsprechenden Terme keine Schwierigkeit.
Setzt man für die verbleibenden Terme die Ausdrücke (3.4.2) für die
Hilfsfunktionen f_i und ihre Ableitungen ein und wandelt die Ableitungen der Besselfunktionen in Besselfunktionen um, erkennt man, daß
im allgemeinen Fall (auch bei $n = 0$) drei verschiedene Arten von Inte-
gralen über Produkte von Besselfunktionen auszuwerten sind. Dies ist
analytisch möglich. Zur Darstellung dieser Integrale und für die sich
anschließenden Formeln wird auf die bei den Platten verwendete Normierung (3.3.19) zurückgegriffen, wobei natürlich die Plattendicke h
durch den Stabradius a zu ersetzen ist:

$$c_t = a = \lambda + 2\mu = 1.$$ (3.4.7)

Das erste Integral ($n \geq 0$) findet man bei Spanier und Oldham [3.8, 52:14:1 mit $\beta = \alpha$ auf S. 520]:

$$\int_0^1 r J_n^2(\alpha r)\, dr = \frac{1}{2\alpha^2}\left\{ [\alpha J_n'(\alpha)]^2 - (\alpha^2 - n^2) J_n^2(\alpha) \right\}.$$ (3.4.8)

Für α ist entweder p oder q einzusetzen. Das zweite Integral ($n > 0$) ist ein Spezialfall des Integrals 11.3.36 bei Abramowitz und Stegun [3.9, S. 485],

$$\int_0^1 r^{-1} J_n^2(\alpha r)\, dr = \frac{1}{2n}\left\{ 1 - J_0^2(\alpha) - 2\sum_{m=1}^{n-1} J_m^2(\alpha) - J_n^2(\alpha) \right\},$$ (3.4.9)

während das dritte ($n \geq 0$) direkt davor steht (Nr. 11.3.36) und in etwas anderer Form auch bei Gradshteyn und Ryzhik [3.10, S. 667] unter der Nummer 6.152.7 aufgeführt ist:

$$\int_0^1 J_n(\alpha) J_{n+1}(\alpha r)\, dr = \frac{1}{2\alpha}\left\{ 1 - J_0^2(\alpha) - 2\sum_{m=1}^{n} J_m^2(\alpha) \right\}.$$ (3.4.10)

Damit ist der Nachweis erbracht, daß sich die Gesamtintensität einer beliebigen Stabmode wie diejenige einer Plattenmode analytisch berechnen läßt, wenn Phasen- und Gruppengeschwindigkeit der Mode bekannt sind. Denn es gilt entsprechend zu Gl. (3.3.11–12)

$$\langle w_{pot} \rangle = \langle w_{kin} \rangle,$$ (3.4.11)

$$\langle I_z \rangle = C \langle w_{kin} + w_{pot} \rangle.$$ (3.4.12)

Numerische Auswertungen liegen bisher nicht vor. Der einfache Fall der Torsionsmode niedrigster Ordnung, bei der sich jeder Querschnitt ohne Verformung um die Stabachse dreht, kann vollständig analytisch behandelt werden. Nur die φ-Komponente der Verschiebung,

$$u_\varphi = r e^{i(kz - \omega t)},$$ (3.4.13)

ist von null verschieden; sie wird entsprechend (3.3.16) so normiert, daß die Schwingungsamplitude an der Oberfläche ($r = 1$) gleich eins ist. Sowohl Phasen- als auch Gruppengeschwindigkeit sind gleich der Transversalwellengeschwindigkeit c_t. Diese Torsionswelle besitzt also keine Dispersion. Daraus folgt

$$\langle w_{kin} \rangle = \frac{\rho \omega^2}{8} = \frac{\pi^2}{2} \mu f^2 = \frac{1}{2} \langle I_z \rangle. \tag{3.4.14}$$

Dies ist das gleiche Ergebnis wie bei der niedrigsten Schermode der Plattenwellen (3.3.20).

Für Stäbe, die keinen kreisförmigen oder elliptischen Querschnitt besitzen, ist keine allgemeingültige analytische Form für das Verschiebungsfeld bekannt. Lediglich bei rechteckigem Querschnitt liegen exakte Lösungen für bestimmte Frequenzen und Seitenverhältnisse vor [3.7, S. 142–144]. Aus diesem Grunde wurden Näherungslösungen entwickelt, und zwar insbesondere für die Fundamentalmoden der Torsionsfamilie, der Longitudinalfamilie sowie der gewöhnlichen Biegewellenfamilie im Bereich tiefer Frequenzen. Die wichtigsten werden bei Achenbach [2.6, S. 249–254] kurz erläutert oder wenigstens zitiert. Meistens wird angenommen, daß sich der Stabquerschnitt nicht verwölbt, sondern eben bleibt, obwohl dies bei nicht kreisförmigem Querschnitt nicht streng erfüllt ist. Die fundamentalen Torsions-, Quasilongitudinal- und Biegemoden in Stäben mit teils rechteckigem, teils beliebigem, längs der Stabachse jedoch konstantem Querschnitt werden ausführlich bei Cremer und Heckl [2.13, S. 81–115] erörtert; auch Energiedichten und Intensitäten sind dort berücksichtigt. Bei tiefen Frequenzen verhält sich der Stab qualitativ wie ein Kreiszylinder oder eine Platte; die Abweichung des Querschnitts von der Kreisform führt nur zu anderen Werten für die Torsionssteife, die Biegesteife oder das Trägheitsmoment und somit zu anderen Werten für die Wellengeschwindigkeiten.

3.5 Schalen

Schalen spielen sowohl in der Architektur als auch im Maschinen- und Fahrzeugbau neben Platten und Stäben eine herausragende Rolle. Schalen kann man als Platten mit gekrümmten Oberflächen auffassen; eine Schale entsteht aber auch, wenn z.B. ein Rundstab zu einem Hohlzylinder mit ringförmigem Querschnitt aufgebohrt wird. Diese zweite Betrachtungsweise soll hier zunächst aufgegriffen werden. Wie beim Rundstab, dem Vollzylinder mit kreisförmigem Querschnitt, existieren für den Hohlzylinder analytisch exakte Ausdrücke für die Verschiebungsfelder der Schwingungsmoden [3.11]. Verglichen mit dem Stab hängen diese Ausdrücke von einem zusätzlichen geometrischen Parameter, dem inneren Radius, ab und sind entsprechend umfangreicher, weil zu den Besselfunktionen erster Art solche zweiter Art hinzutreten müssen, damit alle Randbedingungen erfüllt werden können. Dies bedeutet keine grundsätzliche Erschwernis für eine analytische Berechnung von Energiedichten und Intensität einer Mode mit bekannter Phasen- und Gruppengeschwindigkeit. Den damit verbundenen erheblichen Aufwand sollte man allerdings am besten einen Rechner erledigen lassen. Zu den über den Querschnitt gemittelten Energiegrößen gelangt man durch die wie beim Stab einfache analytische φ-Integration und die sich anschließende r-Integration, die wohl im allgemeinen numerisch erfolgen muß. Derartige Anstrengungen sind offenbar bisher nicht unternommen worden. Ein entsprechendes Computerprogramm wäre jedoch ein willkommenes Hilfsmittel, um etwa den Übergang von einer dünnen Schale zu einer dicken quantitativ zu untersuchen oder um eine Referenz zu schaffen, die zur Beurteilung approximativer Methoden herangezogen werden kann.

Die Behandlung dünner Schalen erfolgt üblicherweise nicht exakt im Sinne der linearisierten Elastodynamik, weil Umfang und Schwierigkeitsgrad der analytischen Rechnung kaum zu bewältigen sind. Stattdessen kommen zahlreiche Schalentheorien zur Anwendung, die auf der Basis mehr oder weniger plausibler Annahmen oder mit Hilfe systematisch abgeleiteter Näherungen entwickelt worden sind. Trotz der dabei erzielten Vereinfachungen sind Anzahl und durchschnittliche Länge der entstandenen Formeln beträchtlich und Vergleiche zwischen verschiedenen Theorien mühsam. Es ist nicht Sinn dieses Buches, hier tiefer einzudringen; eine Auseinandersetzung mit der einschlägigen Literatur (nach Pierce [3.12] „... vast, scattered, in many languages, and formidable reading") würde den hier gesteckten Rahmen sprengen. Es erscheint jedoch angebracht, auf einige aktuelle Publikationen aus diesem Spezialgebiet hinzuweisen.

Eine moderne Einführung steht mit Niordsons Lehrbuch „Shell Theory" [3.13] zur Verfügung. Zur mathematischen Beschreibung wird die „Sprache" der Allgemeinen Relativitätstheorie, die Tensoranalysis, benutzt. Damit können beliebig geformte Schalen auf elegante Weise und ohne Beschränkung auf ein spezielles Koordinatensystem behandelt werden. Niordson erörtert fast ausschließlich die statische Verformung einer Schale; Schwingungen werden nur bei zylinder- und kugelförmigen Schalen betrachtet. Pierce [3.12] schließt sich der mathematischen Darstellung von Niordson an und leitet aus den fundamentalen Bewegungsgleichungen für Schalen eine tensorielle (und damit koordinatenunabhängige) Formulierung des Energieerhaltungssatzes ab. Die so gewonnene Gleichung für die Intensität in beliebig geformten Schalen enthält drei Terme. Pavić [3.14] und Williams [3.15] berechnen explizit den Intensitätsvektor für Kreiszylinderschalen. Bei Pavić setzt sich die Intensität aus drei Termen zusammen, bei Williams aus fünf. Beide Arbeiten vergleichen hieße eine dritte Arbeit verfassen. Das liegt zum einen an der Verschiedenheit der zugrunde gelegten Schalentheorien, zum andern am Unterschied in den Darstellungsweisen, die zwar beide Zylinderkoordinaten verwenden, aber dennoch erst ineinander „übersetzt" werden müssen. (Da die spätere Arbeit vor der Veröffentlichung der früheren eingereicht wurde, konnte der zweite Autor den Vergleich nicht selbst anstellen.)

Die zur Berechnung von Schalenschwingungen erforderlichen Formelmanipulationen sind in der Regel einfach, drohen aber schnell unhandlich zu werden. Es ist daher abzusehen, daß man in zunehmendem Maße die Möglichkeiten der Computer-Algebra in Anspruch nehmen wird. Ein schönes Beispiel für die Effizienz dieser Methode bilden die mit MACSYMA „automatisch" hergeleiteten Näherungsformeln für die Eigenschwingungen verschieden geformter flacher Schalen [3.16]. Die zusätzliche Programmierung zur Bestimmung von Energiedichten und Intensitäten kostet wenig Mühe.

Abgesehen von generellen Einsichten, die beim Studium der Energiestromdichte gewonnen werden können, besteht Interesse an analytischen Formulierungen für die Körperschallintensität in Schalen auch im Hinblick auf die Entwicklung einer Schallstrahlentheorie für Schalenschwingungen (siehe [3.12] und Zitate dort). Es spricht einiges dafür, daß auf einer solchen Grundlage robuste Rechenmethoden zur Analyse von Körperschallproblemen im mittleren Frequenzbereich ausgearbeitet werden können.

4 Homogene anisotrope Körper

Zur Beschreibung der elastischen Eigenschaften eines anisotropen Mediums benötigt man bis zu 21 elastische Konstanten. Die erforderliche Anzahl ist umso geringer, je höher die Symmetrie des Mediums ist. Entsprechende Tabellen findet man z.B. in [2.8, S. 10; 4.1, S. 67]. Materialien mit kubischer Symmetrie besitzen mit drei Konstanten nur eine Konstante mehr als ein isotropes Material; aber die Richtungsabhängigkeit der elastischen Eigenschaften bedeutet eine solche Erschwernis, daß im Gegensatz zum isotropen Fall für viele elastodynamische Aufgaben eine analytische Lösung nicht existiert oder bisher nicht gefunden wurde. Die Schwierigkeiten sind jedoch nicht ausschließlich mathematischer Natur. So mancher Zusammenhang, der einem vom isotropen Medium her vertraut ist, gilt nicht mehr oder nur unter bestimmten Bedingungen. Dafür treten neue Phänomene auf, deren Veranschaulichung in Gedanken oder auf dem Papier meistens mit erhöhten Anstrengungen verbunden ist.

Die Behandlung anisotroper Medien bestimmter Symmetrie beschränkt sich in der Literatur normalerweise auf die einfacheren Fälle kubischer und hexagonaler Symmetrie. Letzterer entspricht auch einem Medium mit transversaler Isotropie und weist fünf elastische Konstanten auf. Für eine möglichst übersichtliche und anschauliche mathematische Beschreibung bietet sich die Zerlegung des Hookeschen Gesetzes (2.1.2) in Eigenwerte und Eigentensoren des Steifetensors $\underline{C}$ an. Dies wird für kubische Symmetrie in [4.2, S. 121] und für transversale Isotropie in [4.3; 4.2, S. 132] vorgeführt. (Für mathematisch orientierte Ausführungen zur Darstellung von Tensoren kann auf [4.4] verwiesen werden.)

Analytische Lösungen aus der anisotropen Elastodynamik sind in der Regel umfangreich und kompliziert. Ihre numerische und grafische Auswertung wird man heutzutage einem Computer übertragen. Dies gilt in wachsendem Maße auch für das Auffinden analytischer Lösungen; zumindest sind die inzwischen verfügbaren Computerprogramme für symbolisches Rechnen dabei ein wertvolles Hilfsmittel geworden. Ist die Lösung für das Verschiebungsfeld und die Felder der Verzerrungen und Spannungen im Rechner einmal vorhanden, ist es ein leichtes, die energetischen Größen nach den allgemeinen Formeln aus Kapitel 2 zu berechnen. Explizite analytische Ausdrücke für diese Größen sind aber eigentlich nur dann von Interesse, wenn sie entweder numerische Vorteile bieten oder physikalische Einsichten vermitteln können. Die folgenden Ausführungen sollen einen kurzen

Einblick in die Elastodynamik anisotroper Medien gewähren und unnötige Scheu vor diesem oft gemiedenen Gebiet abbauen helfen.

4.1 Allseitig unbegrenzte Körper

Das einfachste Problem der anisotropen Elastodynamik, die Ausbreitung ebener Wellen im unendlich ausgedehnten Medium, ist theoretisch vollständig gelöst. Brauchbare Darstellungen werden von verschiedenen Lehrbüchern angeboten [2.6, S. 409; 2.8, S. 26; 2.9, Kap. III; 2.4, Bd. I, Kap. 7]. An älteren Darstellungen sind [4.5; 4.6, Kap. 6] und die Originalarbeit von Synge [4.7] zu nennen. Gesucht sind Lösungen der Bewegungsgleichung (Gleichung (2.1.11) spezialisiert für homogene anisotrope Medien)

$$\rho \ddot{u}_i = C_{ijkl} u_{l,jk} \qquad (4.1.1)$$

von der Form

$$u_i = A_i \exp\left[i\left(k_j r_j - \omega t\right) \right]. \qquad (4.1.2)$$

Einsetzen führt auf die sogenannte Christoffelsche Gleichung

$$\left(C_{ijkl} k_j k_k - \rho \omega^2 \delta_{il}\right) A_l = 0. \qquad (4.1.3)$$

Mit dem Einheitsvektor $\vec{e}$ in Ausbreitungsrichtung und den Christoffelschen Steifen

$$\Gamma_{il} = C_{ijkl} e_j e_k \qquad (4.1.4)$$

ergibt sich die Darstellung mit der Phasengeschwindigkeit $c = \omega/k$

$$\left(\Gamma_{il} - \rho c^2 \delta_{il}\right) A_l = 0. \qquad (4.1.5)$$

Die Eigenwerte dieser Gleichung erhält man aus der Lösbarkeitsbedingung

$$\det\left(\Gamma_{il} - \rho c^2 \delta_{il}\right) = 0. \qquad (4.1.6)$$

Im dreidimensionalen Medium ist also eine Gleichung dritten Grades zu lösen. Für eine vorgegebene Richtung $\vec{e}$ gibt es folglich drei im allgemeinen verschiedene Phasengeschwindigkeiten. Die Polarisation der zugehörigen ebenen Wellen ist durch die Eigenvektoren gegeben. Im Gegensatz zum isotropen Fall, in dem eine longitudinale und zwei transversale Wellen auftreten, ist die Polarisation ebener Wellen im anisotropen Medium nur noch ausnahmsweise longitudinal oder transversal, z.B. in Symmetrierichtungen. In der Regel ist die Polarisation „schief", und man spricht von quasilongitudinalen oder quasitransversalen Wellen, je nach dem, welcher „reinen" Polarisation die tatsächliche am nächsten kommt. (In [2.9, S. 107] ist ein Beispiel behandelt, bei dem der Winkel zwischen reiner und tatsächlicher Polarisation unter 10° bleibt.)

Bei Beltzer [2.9, S. 107–109] wird die Energietransportgeschwindigkeit hergeleitet und bewiesen, daß sie mit der Gruppengeschwindigkeit identisch ist:

$$C_j = \frac{\partial c}{\partial e_j} = \frac{A_i C_{ijkl} A_l e_k}{\rho A_m^2 c}. \tag{4.1.7}$$

Daraus folgt, daß Phasen- und Gruppengeschwindigkeit verschiedene Richtungen besitzen, wenn die Matrix

$$A_i C_{ijkl} A_l \tag{4.1.8}$$

kein Vielfaches der Einheitsmatrix ist. Die Projektion des Vektors der Gruppengeschwindigkeit auf die Ausbreitungsrichtung ist gleich dem Betrag der Phasengeschwindigkeit:

$$\vec{C} \cdot \vec{e} = c. \tag{4.1.9}$$

Statt des Vektors $\vec{c}$ der Phasengeschwindigkeit wird oft mit Vorteil der „Langsamkeitsvektor" (engl.: slowness vector)

$$\vec{l} = \vec{e}/c = \vec{k}/\omega \tag{4.1.10}$$

benutzt. Der Vektor $\vec{C}$ der Gruppengeschwindigkeit steht senkrecht auf der durch (4.1.10) definierten „Langsamkeitsoberfläche" (engl.: slowness surface), die der Endpunkt des Vektors $\vec{l}$ beschreibt, wenn die Ausbreitungsrichtung $\vec{e}$ alle Raumrichtungen durchläuft.

Als Beispiel, das mit Abschnitt 5.2.3 verknüpft ist, sei ein zweidimensionales Medium mit quadratischer Symmetrie angeführt. Es werde durch die (dimensionslosen) Werte für die elastischen Konstanten in Voigtscher Schreibweise

$$c_{11} = 0.83, \qquad c_{12} = 0.15, \qquad c_{44} = 0.26 \qquad (4.1.11)$$

charakterisiert (Die Normierung erfolgte nach (5.2.15) und ist hier belanglos). Polarisation, Phasen- und Gruppengeschwindigkeit der beiden möglichen Moden sollen für drei Ausbreitungsrichtungen (0°, 22.5°, 45° relativ zur x-Achse) bestimmt werden. Der Einheitsvektor in Ausbreitungsrichtung lautet für beliebigen Winkel φ zur x-Achse:

$$\vec{e} = \begin{pmatrix} \cos\varphi \\ \sin\varphi \end{pmatrix}. \qquad (4.1.12)$$

Damit ergibt sich die Matrix der Christoffelschen Steifen nach [2.9, S. 100] zu

$$\Gamma_{11} = c_{11}\cos^2\varphi + c_{44}\sin^2\varphi,$$

$$\Gamma_{12} = \Gamma_{21} = (c_{12} + c_{44})\cos\varphi\sin\varphi, \qquad (4.1.13)$$

$$\Gamma_{22} = c_{11}\sin^2\varphi + c_{44}\cos^2\varphi$$

und die Determinantenbedingung (4.1.6) liefert die Eigenwerte

$$\rho c^2 = \frac{1}{2}\Big\{ c_{11} + c_{44}$$

$$\pm \sqrt{\frac{1}{2}(c_{11} - c_{44})^2(1 + \cos 4\varphi) + \frac{1}{2}(c_{12} + c_{44})^2(1 - \cos 4\varphi)} \Big\}, \qquad (4.1.14)$$

deren Abhängigkeit von φ die quadratische Symmetrie widerspiegelt. Für die genannten Ausbreitungsrichtungen gilt

$$\varphi = 0° : \quad \rho c^2 = \begin{cases} c_{44} \\ c_{11} \end{cases}$$

$$\varphi = 22.5° : \rho c^2 = \frac{1}{2} \left\{ c_{11} + c_{44} \pm \sqrt{\frac{1}{2}(c_{11} - c_{44})^2 + \frac{1}{2}(c_{12} + c_{44})^2} \right\}$$

$$(4.1.15)$$

$$\varphi = 45° : \quad \rho c^2 = \begin{cases} \dfrac{1}{2}(c_{11} - c_{12}) \\ \dfrac{1}{2}(c_{11} + c_{12} + 2c_{44}) \end{cases}.$$

In Abb.4.1a ist die Abhängigkeit der Langsamkeiten von der Ausbreitungsrichtung für den Fall (4.1.11) zu sehen. (Die Länge eines Vektors vom Koordinatenursprung bis zur Kurve entspricht der Langsamkeit für eine Richtung φ parallel zu diesem Vektor.) Zum Vergleich sind Kreise punktiert, die einem isotropen Ausbreitungsverhalten entsprechen. Die Abweichung davon ist nicht besonders groß; die für kubische Medien definierte Anisotropie [4.2, S. 121; 4.8],

$$a = \frac{c_{11} - c_{12} - 2c_{44}}{c_{11} - c_{12} + 2c_{44}} = \frac{\mu' - \mu}{\mu' + \mu}, \tag{4.1.16}$$

die Werte zwischen −1 und +1 annehmen kann, ist mit 0.13 entsprechend niedrig. μ' und μ sind die Schermoduln für (110)- bzw. (100)-Scherungen:

$$\mu' = \frac{1}{2}(c_{11} - c_{12}), \qquad \mu = c_{44}. \tag{4.1.17}$$

Der Kompressionsmodul

$$K = \frac{1}{3}(c_{11} + 2c_{12}) \tag{4.1.18}$$

taucht in der Anisotropiedefinition (4.1.16) nicht auf: Die Antwort eines Mediums mit kubischer Symmetrie auf einen hydrostatischen Druck ist nämlich isotrop. ($3K$, $2\mu'$ und 2μ sind Eigenwerte des Tensors $\underline{\underline{C}}$ der elastischen Konstanten.) Die physikalische Bedeutung der Moduln

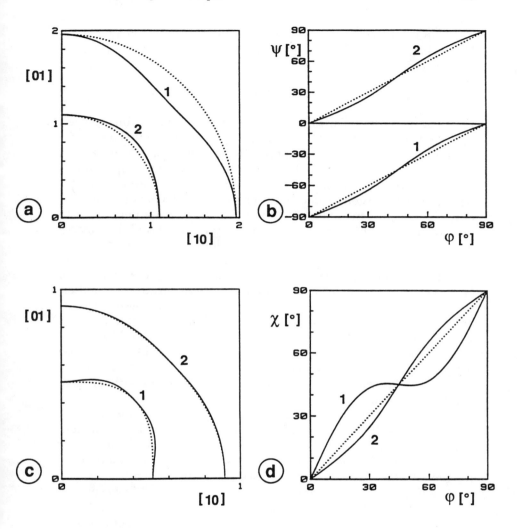

Abb. 4.1: Langsamkeit, Polarisation, Gruppen- und Phasengeschwindigkeit und
Intensitätsrichtung der beiden Moden 1 und 2 in Abhängigkeit von der
Ausbreitungsrichtung φ ($\varphi = 0$: [10]- oder x-Richtung; $\varphi = 90$: [01]- oder
y-Richtung) in einem quadratisch anisotropen Medium mit elastischen
Konstanten nach (4.1.11) bzw. nach (4.1.19).
a) Langsamkeitsdiagramm (Erläuterung im Text; punktiert: isotropes
Verhalten).
b) Polarisation ψ (punktiert: longitudinale und transversale Polarisation).
c) Gruppengeschwindigkeit (punktiert: Phasengeschwindigkeit; Darstellung wie in a)).
d) Intensitätsrichtung χ (punktiert: Ausbreitungsrichtung φ).

K, μ' und μ kann man sich wesentlich leichter vorstellen als die der Voigtschen Moduln. Letztere werden deshalb im folgenden durch erstere ersetzt. Aus (4.1.11) wird

$$K = 0.38, \qquad \mu' = 0.34, \qquad \mu = 0.26. \qquad (4.1.19)$$

In Abb.4.1b ist die Polarisation ψ der beiden Moden in Abhängigkeit von der Ausbreitungsrichtung φ aufgetragen. Sie weicht von der punktierten longitudinalen bzw. transversalen Polarisation nur wenig ab. Die Mode 1 mit der höheren Langsamkeit kann daher als quasitransversal, die Mode 2 mit der niedrigeren als quasilongitudinal bezeichnet werden. Bei festem φ unterscheiden sich die Polarisationen der beiden Moden um genau 90°; sie stehen also senkrecht aufeinander. In den Symmetrierichtungen schneiden sich punktierte und durchgezogene Linien: hier ist die Polarisation exakt longitudinal oder transversal.

Abb.4.1c zeigt (in der gleichen Darstellungsart wie Abb.4.1a) die Gruppengeschwindigkeit beider Moden im Vergleich zu den punktierten Phasengeschwindigkeiten. In den Symmetrierichtungen fallen die beiden Geschwindigkeiten einer Mode normalerweise zusammen. (Dies trifft nicht zu, wenn Entartung vorliegt, d.h. wenn beide Moden die gleiche Phasengeschwindigkeit besitzen. Die Gruppengeschwindigkeiten sind dann auch gleich, aber von der Phasengeschwindigkeit verschieden.) Die Gruppengeschwindigkeit ist nie kleiner als die Phasengeschwindigkeit.

In Abb.4.1d schließlich ist die Richtung χ der Intensität aufgetragen (punktiert die Ausbreitungsrichtung φ). Sie ist mit der Normalenrichtung auf den Langsamkeitskurven identisch und weicht deutlicher vom isotropen Verhalten ab als die Polarisation. In den Symmetrierichtungen fällt sie mit der Ausbreitungsrichtung zusammen.

Die Eigenheiten anisotropen Verhaltens zeigen sich insbesondere bei schiefen Ausbreitungsrichtungen. Das wichtigste Merkmal ist sicherlich, daß die Richtungen des Energietransports und der Ausbreitung der Ebenen konstanter Phase nicht zusammenfallen. Zum Vergleich mit den in Abschnitt 5.2.3 vorgestellten Rechnungen seien einige Zahlenwerte für die schiefe Richtung $\varphi = 22.5°$ in Tab. 4.1 zusammengestellt.

Wenn der Betrag der Amplitude $\bar{A}$ der Mode (4.1.2) unabhängig von der Ausbreitungsrichtung φ gewählt wird (z.B. auf eins normiert), ist für eine feste Frequenz ω die zeitlich gemittelte kinetische Energiedichte für beide Moden und alle Ausbreitungsrichtungen gleich groß. Da die Voraussetzungen für das Rayleighsche Prinzip (siehe Abschnitt 2.4) erfüllt sind, ist der potentielle Anteil ebenso groß wie der kinetische (eine räumliche Mittelung ist im homogenen und unbegrenzten

Mode	ψ	χ	R
1	$-72.1°$	$37.4°$	1.035
2	$17.9°$	$16.8°$	1.005

Tab.4.1:   Polarisation ψ, Intensitätsrichtung χ und Verhältnis R von Gruppen- zu Phasengeschwindigkeit für die quasitransversale (1) und die quasilongitudinale (2) Mode bei einer Ausbreitungsrichtung $\varphi = 22.5°$ in einem Medium mit den elastischen Konstanten nach (4.1.11).

Medium nicht erforderlich) und somit die gesamte zeitlich gemittelte Energiedichte für beide Moden und alle Ausbreitungsrichtungen gleich groß. Nach (2.5.1) ist die Intensität gleich Zeitmittel der Energiedichte mal Gruppengeschwindigkeit. In Formeln ($\vec{A}$ reell):

$$w_{tot} = 2w_{kin} = \frac{1}{2}\rho\omega^2 A_i^2, \tag{4.1.20}$$

$$I_j = w_{tot}C_j = \frac{\omega^2}{2c} A_j C_{ijkl} A_l e_k. \tag{4.1.21}$$

Folglich ist im betrachteten Fall die Gruppengeschwindigkeit ein Maß für die Intensität. So läßt sich aus Abb.4.1c ablesen, wieviel Energie jede Mode in Abhängigkeit von der Ausbreitungsrichtung φ transportiert, vorausgesetzt der Amplitudenbetrag ist jeweils der gleiche. Die Richtung des Energietransports muß aus Abb.4.1d entnommen werden.

Beim Übergang zu einem Medium mit stark ausgeprägter Anisotropie (Abb.4.2 mit $a = -0.8$) entdeckt man drastische Unterschiede zum vorigen Beispiel. Wieder ist die Mode mit der niedrigeren Phasengeschwindigkeit mit 1, die mit der höheren mit 2 bezeichnet. Der Charakter der Polarisation ändert sich mit der Ausbreitungsrichtung erheblich: Mode 1 ist bei $\varphi = 0°$ und $\varphi = 90°$ longitudinal, bei $\varphi = 45°$ transversal polarisiert. Umgekehrt ist Mode 2 bei $\varphi = 0°$ und $\varphi = 90°$ transversal, bei $\varphi = 45°$ longitudinal polarisiert. Die vom isotropen Medium her vertraute Vorstellung, daß Longitudinalwellen immer schneller als Transversalwellen sind, muß aufgegeben werden. Sie trifft zwar zu bei $\varphi = 45°$; bei $\varphi = 0°$ oder $90°$ ist aber das Gegenteil richtig. Helbig und Schoenberg [4.9] haben erst kürzlich in einer ausführlichen Arbeit über elastische Wellen in transversal isotropen Medien auf diese Er-

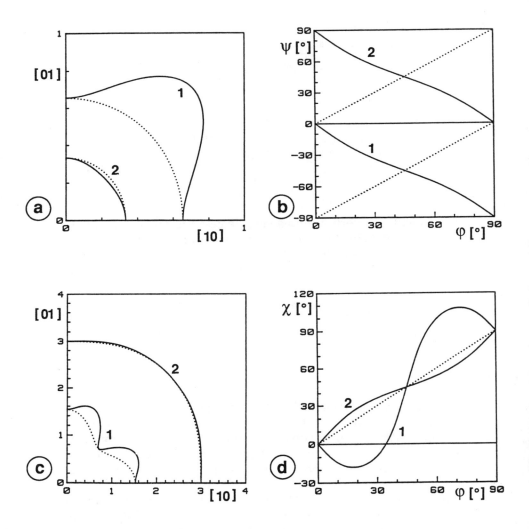

Abb. 4.2:   Wie Abb. 4.1, jedoch mit anderen elastischen Konstanten:
$K = 1$, $\mu' = 1$, $\mu = 9$; Anisotropie $a = -0.8$

scheinung hingewiesen und sie als anomale Polarisation bezeichnet.

Von quasilongitudinalen oder quasitransversalen Moden zu sprechen ist im Beispiel der Abb.4.2 nur in der Nähe der Symmetrierichtungen gerechtfertigt; eine einheitliche Kennzeichnung einer Mode für
alle Richtungen φ ist damit nicht mehr möglich. Stattdessen verwende
man die Numerierung nach der Phasengeschwindigkeit.

Während bei der Mode 2 die Geschwindigkeiten wenig richtungsabhängig sind und der Energietransport ziemlich in Ausbreitungsrichtung erfolgt, wirkt sich die Anisotropie bei der Mode 1 in allen Teilbil-
dern von Abb.4.2 deutlich aus. Der maximale Unterschied zwischen
Intensitätsrichtung und Ausbreitungsrichtung erreicht ungefähr 40°.

Vertauscht man die Werte von μ' und μ, kehrt sich das Vorzeichen
der Anisotropie a um (Abb.4.3). Die Mode 1 ist nun unter $\varphi = 45°$ (transversal) schneller als unter $\varphi = 0°$ (longitudinal); vorher war es, auch
was die Polarisationen betrifft, umgekehrt. (Die Kurven in Abb.4.3 können aber nicht durch einfache Symmetrieoperationen, z.B. durch eine
Drehung um 45°, aus denen in Abb.4.2 gewonnen werden.) Das anisotrope Verhalten beider Moden ist noch stärker ausgeprägt als in Abb.4.2.
Der maximale Unterschied zwischen Intensitätsrichtung und Ausbreitungsrichtung beträgt bei der Mode 1 fast 60°.

An dem besprochenen zweidimensionalen Beispiel konnten die
wichtigsten Auswirkungen eines anisotropen Materialverhaltens auf
die Wellenausbreitung aufgezeigt werden. Die Behandlung dreidimensionaler Beispiele ist, abgesehen von Spezialfällen mit Entartungen und
Singularitäten, numerisch kein Problem. Lediglich die Ergebnisse können vielfältiger und komplizierter ausfallen. Explizit behandelt werden in der Literatur gewöhnlich die Fälle mit kubischer und hexagonaler Symmetrie [4.5, § 12; 4.6, S. 72–78; 2.4]. In der Regel gibt es eine
quasilongitudinale Mode und zwei quasitransversale Moden. Letztere
können in bestimmten Richtungen entartet sein, d.h. die gleiche Phasengeschwindigkeit besitzen. Sie unterscheiden sich jedoch bezüglich
der Energieausbreitung. Aufgrund der Entartung ist auch jede Linearkombination beider Moden wieder eine Mode. Die mit dieser Mode
verknüpfte Energieausbreitung muß gesondert berechnet werden, da
sie sich aus den Diagrammen für die Gruppengeschwindigkeiten und
die Intensitätsrichtungen nicht ablesen läßt.

Waterman [4.10] machte sich die Mühe, die Ultraschallausbreitung
in Einkristallen für Richtungen mit fast transversalem oder longitudi-
nalem Charakter der Moden näherungsweise zu bestimmen. Die Näherung geht von einer Symmetrierichtung mit rein transversaler oder
longitudinaler Polarisation aus und wurde bis zur niedrigsten Ordnung in der Abweichung von dieser Richtung ausgearbeitet. Obwohl
die Näherungsformeln für die Intensität in kubischen Kristallen einfach sind, werden sie vermutlich kaum noch verwendet werden, nachdem die exakte Lösung, die Überlegungen zur Genauigkeit einer Näherung überflüssig macht, heutzutage wohlfeil dem Computer übertragen werden kann.

Analytische Lösungen für die von einem schwingenden Kompres-
sions- oder Rotationszentrum ausgehenden Wellen (vgl. Anhänge A
und B) scheint es für anisotrope Medien nur ausnahmsweise zu geben

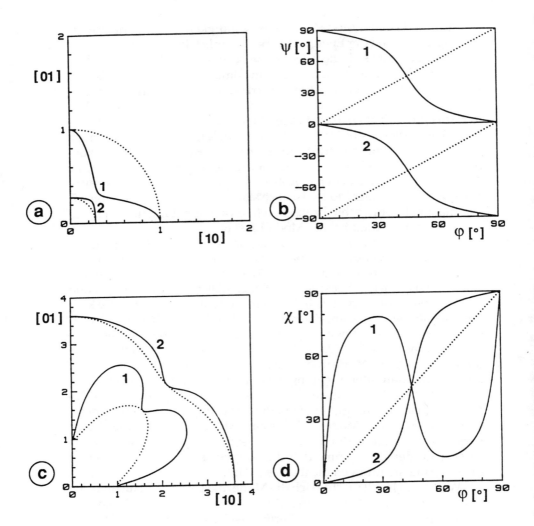

Abb. 4.3:   Wie Abb. 4.1, jedoch mit anderen elastischen Konstanten:
             $K = 1$, $\mu' = 9$, $\mu = 1$; Anisotropie $a = +0.8$

[4.2, S. 141]. Nach allgemeinen Überlegungen, die in [4.5, § 7] angedeutet werden, ist die Amplitude der Störung durch die Punktquelle fast immer umgekehrt proportional zur Entfernung von der Quelle; in singulären Richtungen kann aber auch eine langsamere Abnahme stattfinden.
    Der Vollständigkeit halber sei noch § 11 von [4.5] erwähnt, in dem
die in der Wirklichkeit immer gegenwärtige Absorption durch ein
Hookesches Gesetz mit einem komplexen und frequenzabhängigen

Steifetensor $\underline{C}$ beschrieben wird. Aus der bisher linearen Polarisation der ebenen Wellen wird nun eine elliptische. Die Energieausbreitungsrichtung bleibt in erster Näherung unbeeinflußt von der Dämpfung der Welle.

Die bei hohen Frequenzen nützliche Vorstellung von Schallstrahlen oder Gaußschen Wellenpaketen läßt sich auch für anisotrope Medien entwickeln [4.11]. (Die in [4.11] für Acta Mech. (1987) angekündigte Arbeit „Elastic Gaussian wave packets in isotropic media" ist bisher nicht erschienen.)

4.2 Begrenzte Körper

Die Begrenzung eines ursprünglich allseitig unendlich ausgedehnten Mediums bedeutet für die Theorie der Schallausbreitung, daß es nicht mehr genügt, die Bewegungsgleichung zu lösen: auch die Randbedingungen auf der Begrenzungsfläche wollen erfüllt sein. Wie die in Kapitel 3 behandelten Platten und Stäbe aus isotropem Material belegen, führt diese zweite Forderung schon bei scheinbar einfachen Fällen zu ziemlich komplizierten analytischen Ausdrücken, sofern sich überhaupt welche finden lassen. Im anisotropen Fall ist nicht nur die analytische Rechnung schwieriger und vielfach nicht mehr in geschlossener Form lösbar. Auch die Ergebnisse sind vielfältiger, da sie von der Symmetrie und der Stärke der Anisotropie, schließlich von deren Orientierung zur Begrenzung abhängen. Es darf deshalb nicht verwundern, daß es in diesem Gebiet der akustischen Landkarte nicht wenige weiße Flecken gibt, die noch ihrer Erforschung harren. Diese wird aber, so ist zu vermuten, angesichts der damit verbundenen Fleißarbeit weniger aus purem Forscherdrang erfolgen, als vielmehr erzwungen werden, wenn sie für praktische Anwendungen notwendig ist. Vor diesem Hintergrund erscheint es gerechtfertigt, sich hier auf wenige Bemerkungen zur Reflexion an einer kräftefreien ebenen Oberfläche, zu Oberflächenwellen und zu Wellen in Platten zu beschränken.

Wie die Aufgabe der Reflexion ebener Wellen in einem anisotropen Halbraum gelöst wird, ist in § 8 von [4.5] kurz und bündig beschrieben; eine ausführliche Darstellung mit Beispielen findet sich bei Auld [2.4, Bd. II, Kap. 9]. Eine einfallende quasitransversale oder -longitudinale ebene Welle erzeugt i.a. drei reflektierte Wellen. Die Winkel, unter denen sie von der Oberfläche weglaufen, können bequem mit Hilfe eines Langsamkeitsdiagramms bestimmt werden; die zugehörigen Amplituden ausfindig zu machen, kostet dagegen etwas mehr Mühe. Unter Umständen entstehen auch Oberflächenwellen. Was die Intensitäten betrifft, sind wie im Falle des isotropen Halbraums (Abschnitt 3.2) quasiperiodische Profile zu erwarten.

Eine Welle, die sich in einem Halbraum mit kräftefreier Oberfläche ausbreitet und deren Amplitude exponentiell mit dem Abstand zur Oberfläche abnimmt, wird Rayleigh-Welle genannt. In einem isotropen Medium kann sich eine solche Oberflächenwelle in jeder Richtung parallel zur Oberfläche in gleicher Weise ausbreiten, da alle diese Richtungen äquivalent sind. Im anisotropen Halbraum sind diese Richtungen von wenigen Ausnahmen abgesehen nicht mehr äquivalent, und Polarisation und Geschwindigkeit einer Rayleigh-Welle werden sicherlich richtungsabhängig sein. Ein weiterer Unterschied zum isotropen Fall besteht darin, daß dem exponentiellen Abfall der Amplitude mit dem Abstand von der Oberfläche (bzw. der Überlagerung solcher exponentieller Abfälle) eine sinusförmige Variation überlagert sein kann. Anders ausgedrückt: der Wellenvektor ist nicht unbedingt parallel zur Oberfläche! Die Polarisation ist elliptisch, wobei sich die Exzentrizität und die Orientierung der Ellipse mit dem Abstand zur Oberfläche ändern kann [4.5; 4.7]. Oberflächenwellen in einem Kristall mit kubischer Symmetrie wurden von Stoneley [4.12] untersucht; der Spezialfall der 100-Richtung ist auch in [2.9] vorgerechnet. Sogenannte Pseudo-Oberflächenwellen werden in [4.13; 2.4] diskutiert. Synge [4.7] und mit ihm Musgrave [4.5] behaupten gar, daß Rayleigh-Wellen in anisotropen Medien nur in bestimmten Richtungen ausbreitungsfähig sind. Dem widerspricht Farnell [4.13, S. 119]: Numerische Berechnungen mit vielen Beispielen hätten immer eine Rayleigh-Welle als Lösung ergeben, wenn man von isolierten Richtungen absieht, bei denen eine Entartung mit einer Volumenwelle vorliegt. Daß Synge ein Trugschluß unterlaufen ist, läßt sich einfach und ohne die Gleichungen hinzuschreiben erklären:

Es geht um die Lösung eines homogenen linearen Gleichungssystems. Die Determinantenbedingung liefert die Phasengeschwindigkeit der Rayleigh-Welle. Da die Koeffizienten des Systems komplex sein können, kann auch diese Bedingung komplex sein, was zwei reellen Gleichungen für die (reelle) Phasengeschwindigkeit entspricht. Folglich ist die Existenz einer Lösung nicht allgemein garantiert. Synge schließt den Fall der allgemeinen Lösbarkeit aus. Spaltet man jedoch die Koeffizienten und Unbekannten des Gleichungssystems in Real- und Imaginärteil auf, erhält man doppelt so viele (nämlich sechs) Gleichungen mit doppelt so vielen Unbekannten, aber nur eine Gleichung für die Phasengeschwindigkeit, da nun die Koeffizientenmatrix reell ist. Es bleibt zu klären, ob es tatsächlich unter allen Umständen eine reelle Lösung für die Phasengeschwindigkeit gibt, wie die Ergebnisse von Farnell vermuten lassen könnten. Daß eine Rayleigh-Welle nur ausnahmsweise, z.B. nur für bestimmte Richtungen, existieren soll, ist jedenfalls nicht unmittelbar einleuchtend, wenn man sich von der zweiten Betrachtungsweise leiten läßt. Viktorov wiederum [4.13, S. 7] behauptet, daß in Kristallen des triklinen Systems im allgemeinen keine Rayleigh-Wellen existieren. Die Fortsetzung der Diskussion über solche Fragen läßt sich anhand der Arbeit [4.15] verfolgen, in der wesentliche Beiträge aus den 70er- und 80er-Jahren zitiert werden (zur Ergänzung siehe [4.16; Z.10; Z.11]). Trotz beträchtlicher Fortschritte, denen ein eigenes, umfangreiches Kapitel gewidmet werden könnte, ist dieses Forschungsthema immer noch nicht abgeschlossen.

Rayleigh-Wellen kann man im Grenzfall als Plattenwellen (Lamb-Wellen) auffassen, wenn nämlich die Dicke der Platte oder die Frequenz der Welle gegen unendlich strebt. Es dürfte einleuchten, daß Wellen in anisotropen Platten i.a. eine knifflige Herausforderung bedeuten, wenn sich schon die Rayleighschen Oberflächenwellen bezüglich ihrer Existenz und Struktur als komplexe Gebilde erwiesen haben. Synge [4.7] betrachtet eine Platte aus einem Material mit beliebiger Anisotropie, deren eine Oberfläche kräftefrei und die andere einer Spannungswelle unterworfen ist. Freie Plattenwellen erhält man, wenn die Amplitude der Spannungswelle null gesetzt wird. Eine Plattenwelle setzt sich aus bis zu sechs Teilwellen zusammen, die jede für sich die Bewegungsgleichung erfüllen und deren Amplitudenvariation über der Plattendicke exponentiell oder sinusförmig verläuft. Die Linearkombination der Teilwellen erfolgt so, daß die Randbedingungen erfüllt werden. Dabei wird auch die Phasengeschwindigkeit der Plattenwelle festgelegt. Explizite Dispersionsrelationen wie die Rayleigh-Lamb-Gleichungen (3.3.9) existieren für beliebige Anisotropie nicht. Immerhin diskutiert Synge in [4.17] den Energiefluß für den betrachteten Fall qualitativ. Der Gesamtenergiefluß ist im zeitlichen Mittel gleich der Summe der Einzelbeiträge der Teilwellen, da die Kreuzterme zwischen den Teilwellen verschwinden.

Es erscheint denkbar, das Problem der Wellen in anisotropen Platten in Anlehnung an [3.6] analytisch soweit aufzubereiten, daß die Energiedichten und Intensitäten lokal und über die Dicke der Platte gemittelt (analytische Integration!) in einfacher Weise vom Computer berechnet werden können. Den größten numerischen Aufwand dürfte die Bestimmung der Langsamkeiten für die Teilwellen und der Phasen- und Gruppengeschwindigkeit der Plattenwelle verursachen. Die Hauptschwierigkeit beim Programmieren dürfte darin liegen, die vielen möglichen singulären Fälle korrekt abzufangen, beispielsweise bei einer Entartung von Teilwellen die der Symmetrie des Problems angepaßten Linearkombinationen zu bilden.

Solange die eben angedeutete Behandlung der Wellen in anisotropen Platten noch Zukunftsmusik ist, wird man sich gerne vorhandener Lösungen von Spezialfällen bedienen oder sich mit Näherungen zufrieden geben. Beide Möglichkeiten erweisen sich oft als ausreichend für konkrete Anwendungen. In [2.4, Bd. II, S. 217] findet man einige

Zitate. Der Fall einer transversal isotropen Platte wurde von Abubakar [4.18] studiert, insbesondere für die Fundamentalmoden bei tiefen Frequenzen. Da es sehr aufwendig erscheint, in der gleichen Weise auch für niedrigere Symmetrien zu einem Ergebnis für tiefe Frequenzen zu gelangen, benutzte Markus [4.19] eine Näherungsmethode, die für beliebige Anisotropie anwendbar ist und sich auf Entwicklungen nach Potenzen der Wellenzahl stützt. Als Beispiel diente ein orthotropes Material (Magnesium-Barium-Fluorid).

In manchen Fällen mag es sogar genügen, das anisotrope Verhalten näherungsweise durch ein isotropes mit geschickt gewählten Moduln für Kompression und Scherung zu ersetzen. Bei kubischer Symmetrie empfehlen sich die Mittelwerte nach Voigt oder Reuss [4.2, S. 125 und S. 160]. Bei vielen in der Praxis benutzten orthotropen Platten lassen sich Biegewellen bzw. damit verknüpfte Impedanzen in sehr guter Näherung durch ein isotropes Verhalten beschreiben, wenn man als isotrope Biegesteife das geometrische Mittel der Biegesteifen bezüglich der beiden Symmetrierichtungen, die in der Plattenebene liegen, verwendet [2.13, S. 301–304].

5 Inhomogene Körper mit periodischer Struktur

Festkörper, deren makroskopische Struktur in guter Näherung als periodisch angesehen werden kann, treten häufig auf. Auch die Seiten dieses Buchs bilden eine periodische Anordnung, wenn man davon absieht, daß nicht alle gleich bedruckt sind. Zu den Periodizitäten, die für den Akustiker interessant und für die Praxis von Bedeutung sind, zählen die regelmäßige Anordnung von Wänden und Decken, von Türen und Fenstern oder Fassadenelementen in großen Gebäuden, die regelmäßige Aussteifung von Balken, Platten, Dächern, Gittermasten, Schiffsrümpfen, die regelmäßige Schichtung verschiedener Materialien im Sperrholz, in faserverstärkten Materialien oder in einer gemauerten Wand, die regelmäßige Anordnung von Löchern in einem Lochblech.

Eine theoretische Behandlung solcher periodischer Strukturen findet sich in der Literatur fast nur für eindimensionale Periodizitäten. Cremer und Heckl widmen diesen ein Kapitel [2.13, S. 405–425], in dem auf schon länger bekannte Analogien in der Elektrotechnik (Kaskaden, Kettenleiter) hingewiesen wird. Im Lehrbuch von Thomson [5.1, S. 325–330] werden Systeme aus endlich vielen identischen Elementen („repeated structures") mit der Transfermatrix-Methode behandelt, die es gestattet, an den Enden der Struktur Randbedingungen vorzugeben.

Mathematisch gesprochen ist bei der Wellenausbreitung in periodischen Systemen eine Differentialgleichung mit einem räumlich periodischen Differentialoperator zu lösen. Diese Aufgabe ist im Rahmen der Elektronentheorie für kristalline Festkörper in unzähligen Variationen behandelt worden. Die durch die Periodizität des Mediums bedingte fundamentale Eigenschaft der Lösungen spiegelt sich im Blochschen Theorem [5.2–4] wider, das den wesentlichen Schlüssel zur Bestimmung der gesuchten Lösungen darstellt. Das Blochsche Theorem [5.5] ist eine Verallgemeinerung des Floquetschen Theorems [5.6], das nur für eindimensionale Periodizität (Mathieu-Gleichung) formuliert wurde. Wie in Brillouins Buch [5.7] nachzulesen, gilt das Blochsche Theorem nicht nur für die Lösungen der Schrödinger-Gleichung in Kristallen, sondern auch für elastische Wellen in räumlich periodischen Strukturen. Diese Wellen können deshalb ebenfalls als (elastische) Blochwellen bezeichnet werden.

Der Blochwellenansatz ist exakt im Rahmen der linearisierten Elastodynamik. Trotzdem erfreut er sich in der Akustik keiner großen Beliebtheit, weil die mangelnde Vertrautheit mit den Methoden der Elektronentheorie des kristallinen Festkörpers in der Regel eine große

Hemmschwelle darstellt. Zu den wichtigen Ausnahmen zählen die Arbeiten von Sheng und Tao [5.8–9], die konkrete Beispiele im Grenzfall tiefer Frequenzen behandeln. Wie schon in den vorangegangenen Kapiteln beschränken wir uns auch hier auf die (wenigstens im Prinzip) exakte Beschreibung und verzichten auf eine Diskussion der zahlreichen Näherungsmethoden. Die Ausführungen folgen teilweise dem Bericht [5.10], der auf den erwähnten Arbeiten [5.8–9] aufbaut und sich wie diese auf den tieffrequenten Grenzfall konzentriert. Eine Berechnung der energetischen Größen bei höheren Frequenzen ist wohl bislang nicht durchgeführt worden.

5.1 Grundgleichungen für lokal isotrope periodische Medien

Die Bewegungsgleichungen (2.1.6) für ein lokal isotropes Medium sind in Abschnitt 2.1 angegeben worden. Sie gelten für beliebige räumliche Variation der Massendichte und der elastischen Konstanten. Im Fall periodischer Inhomogenität folgt aus dem Blochschen Theorem, daß das Verschiebungsfeld aus Blochwellen

$$\vec{u}_{\vec{k}}(\vec{r}, t) = \vec{p}_{\vec{k}}(\vec{r})\, e^{i(\vec{k}\cdot\vec{r} - \omega t)} \tag{5.1.1}$$

zusammengesetzt werden kann. (Die Zeitabhängigkeit wird im folgenden meist weggelassen.) Eine Blochwelle ist eine mit der räumlich periodischen Funktion

$$\vec{p}_{\vec{k}}(\vec{r} + \vec{g}) = \vec{p}_{\vec{k}}(\vec{r}) \tag{5.1.2}$$

„modulierte" ebene Welle mit dem Wellenvektor $\vec{k}$. Zweckmäßigerweise nennt man $\vec{p}_{\vec{k}}$ „Polarisationsfunktion", da sie lokal die Schwingungsrichtung angibt. Ihr räumlicher Mittelwert ist die mittlere Polarisation der Blochwelle. $\vec{g}$ ist ein Gittervektor, der sich als Linearkombination der (linear unabhängigen) Basisvektoren ergibt:

$$\vec{g}_n = n_1 \vec{a}_1 + n_2 \vec{a}_2 + n_3 \vec{a}_3 \tag{5.1.3}$$

Das Tripel ganzer Zahlen n_1, n_2, n_3 wird als Index zu n zusammengefaßt, ohne den Vektorcharakter von n durch einen Pfeil zu kennzeichnen. (Für nähere Erläuterungen zur Beschreibung periodischer Strukturen durch Raumgitter sei auf Kittels Buch [5.2] verwiesen.) Wie die Polarisationsfunktion (5.1.2) ist jede Materialeigenschaft $M(\vec{r})$ räumlich periodisch:

$$M(\vec{r} + \vec{g}) = M(\vec{r}). \tag{5.1.4}$$

Um die Periodizität auszunützen, wird gemeinhin eine Fourier-Transformation der Bewegungsgleichungen vorgenommen. Dazu werden die Vektoren des reziproken Gitters („reziproke Gittervektoren")

$$\vec{G}_m = m_1 \vec{A}_1 + m_2 \vec{A}_2 + m_3 \vec{A}_3 \tag{5.1.5}$$

benötigt, die Linearkombinationen der Basisvektoren des reziproken Gitters sind:

$$\vec{A}_1 = \frac{2\pi}{V_0}(\vec{a}_2 \times \vec{a}_3), \quad \vec{A}_2 = \frac{2\pi}{V_0}(\vec{a}_3 \times \vec{a}_1), \quad \vec{A}_3 = \frac{2\pi}{V_0}(\vec{a}_1 \times \vec{a}_2). \tag{5.1.6}$$

$V_0 = \vec{a}_1 \cdot \vec{a}_2 \times \vec{a}_3$ ist das Volumen der Einheitszelle des Gitters. Es gilt die Orthogonalitätsrelation

$$\vec{a}_i \cdot \vec{A}_j = 2\pi \delta_{ij} \tag{5.1.7}$$

$(i, j = 1, 2, 3;\ \delta_{ij}$: Kronecker-Symbol). Jede Funktion mit der Periodizität des Gitters läßt sich als Fourier-Reihe

$$M(\vec{r}) = \sum_m M_m \exp\left[i\vec{G}_m \cdot \vec{r}\right] \tag{5.1.8}$$

darstellen, wobei die Summe über sämtliche Punkte des reziproken Gitters läuft. Die Fourier-Koeffizienten M_m erhält man aus dem Integral über eine Einheitszelle

$$M_m = \frac{1}{V_0} \int M(\vec{r}) \exp\left[-i\vec{G}_m \cdot \vec{r}\right] d^3r. \tag{5.1.9}$$

Die Orthogonalität und Vollständigkeit des Funktionensystems $\exp[i\vec{G}_m \cdot \vec{r}]$ auf dem Gebiet einer Einheitszelle wird durch

$$\int \exp\left[i(\vec{G}_m - \vec{G}_n) \cdot \vec{r}\right] d^3r = V_0 \delta_{mn}, \tag{5.1.10}$$

$$\sum_m \exp\left[i\vec{G}_m \cdot (\vec{r} - \vec{r}')\right] = V_0 \sum_n \delta(\vec{r} - \vec{r}' + \vec{g}_n) \tag{5.1.11}$$

ausgedrückt (δ (...): Diracsche Deltafunktion).

Da in den Bewegungsgleichungen (2.1.6) Produkte periodischer Funktionen vorkommen, entsteht bei der Fourier-Transformation eine Doppelsumme über die reziproken Gitterpunkte. Diese kann nach einer Integration über eine Einheitszelle auf eine einfache Summe reduziert werden:

$$\sum_n \left\{\omega^2 \rho_{l-n} - \underline{V}_{ln} \cdot\right\} \vec{p}_n = 0$$

mit den Matrizen

$$\underline{V}_{ln} = \mu_{l-n}\left(\vec{k} + \vec{G}_l\right)\left(\vec{k} + \vec{G}_n\right)\underline{I} \tag{5.1.12}$$

$$+\lambda_{l-n}\left(\vec{k} + \vec{G}_l\right)\left(\vec{k} + \vec{G}_n\right) + \mu_{l-n}\left(\vec{k} + \vec{G}_n\right)\left(\vec{k} + \vec{G}_l\right).$$

Die partielle Differentialgleichung (2.1.6) geht also in ein unendlich-dimensionales, homogenes lineares Gleichungssysytem über. Für gegebenes $\vec{k}$ müssen zunächst ω (aus der Bedingung für die Widerspruchsfreiheit des Systems) und anschließend die Fourier-Koeffizienten $\vec{p}_n$ der Polarisationsfunktion bestimmt werden. Gl. (5.1.12) wurde (erstmals?) von Sheng und Tao [5.8] in etwas abgewandelter Schreibweise angegeben; das Analogon für lokal kubische Medien ist nur wenig komplizierter [5.9, Gl. (9)].

Im Falle eines homogenen Mediums verschwinden alle Terme mit $l \neq n$,

$$\left\{\omega^2 \rho_0 - \underline{V}_{ll} \cdot\right\} \vec{p}_l = 0, \tag{5.1.13}$$

d.h. die Koeffizienten $\vec{p}_l$ sind entkoppelt und können leicht angegeben werden. Das Gleichungssystem

$$\left[\omega^2 \rho_0 - \mu_0\left(\vec{k} + \vec{G}_l\right)^2\right]\vec{p}_l - (\lambda_0 + \mu_0)\left(\vec{k} + \vec{G}_l\right)\left(\vec{k} + \vec{G}_l\right) \cdot \vec{p}_l = 0 \tag{5.1.14}$$

besitzt zwei Scharen nichttrivialer Lösungen, nämlich mit

$$\vec{p}_l \perp \left(\vec{k} + \vec{G}_l\right) \quad \text{und} \quad \omega^2 \rho_0 = \mu_0 \left(\vec{k} + \vec{G}_l\right)^2 \tag{5.1.15}$$

und mit

$$\vec{p}_l \| \left(\vec{k} + \vec{G}_l\right) \quad \text{und} \quad \omega^2 \rho_0 = \left(\lambda_0 + 2\mu_0\right)\left(\vec{k} + \vec{G}_l\right)^2, \tag{5.1.16}$$

wobei alle $\vec{p}_l = 0$ für alle $l \neq n$. Für $l = 0$ ergeben sich die zu erwartenden Transversal- bzw. Longitudinalwellen im unendlich ausgedehnten, homogenen und isotropen Festkörper. Die weiteren Lösungen mit $l \neq 0$ sind Kopien der Lösungen mit $l = 0$; ihr Auftreten hängt mit der Periodizität der Dispersionsrelation $\omega(\vec{k})$ zusammen. (Um eine Mehrdeutigkeit der Formulierung zu vermeiden, beschränkt man sich in der Regel auf $\vec{k}$-Werte in der ersten Brillouin-Zone. Wählt man wie sonst üblich auch beim homogenen Medium die räumliche Periode so klein wie möglich, ergibt sich der Wert null, und die reziproken Gittervektoren und somit die erste Brillouin-Zone werden unendlich groß. Werte $l > 0$ sind dann gegenstandslos.)

Die folgenden allgemeinen Symmetriebeziehungen werden im Anhang E bewiesen. Bei einer Umkehr der Ausbreitungsrichtung bleibt das Frequenzquadrat erhalten, die Gruppengeschwindigkeit ändert daher lediglich ihr Vorzeichen:

$$\omega^2(-\vec{k}) = \omega^2(\vec{k}). \tag{5.1.17}$$

Zu diesem Ergebnis kommt man auch ohne die Rechnung im Anhang, indem man die Zeitumkehrinvarianz ausnützt und die Welle durch Zeitumkehr rückwärts laufen läßt. Für die periodische Funktion $\vec{p}_{\vec{k}}(\vec{r})$ folgt aus der Beziehung

$$\vec{p}_n(-\vec{k}) = \vec{p}^*_{-n}(\vec{k}) \tag{5.1.18}$$

für ihre Fourier-Koeffizienten

$$\vec{p}_{-\vec{k}}(\vec{r}) = \vec{p}^*_{\vec{k}}(\vec{r}). \tag{5.1.19}$$

Der Realteil von $\vec{p}_{\vec{k}}(\vec{r})$ ist also eine gerade Funktion von $\vec{k}$, der Imaginärteil eine ungerade.

In vielen Beispielen ist die Inhomogenität inversionssymmetrisch, d.h. für die Materialeigenschaften $M(\vec{r})$ gilt bei geeigneter Wahl des Koordinatensystems

$$M(\vec{r}) = M(-\vec{r}),\tag{5.1.20}$$

für die Fourier-Koeffizienten

$$M_m = M_{-m}.\tag{5.1.21}$$

Wenn keine Materialdämpfung berücksichtigt wird, sind die Funktionen $M(\vec{r})$ reell. Dies bedeutet

$$M_{-m} = M_m^*\tag{5.1.22}$$

und wegen (5.1.21) reelle Fourier-Koeffizienten.

Daher können auch die Koeffizienten $\vec{p}_n$ reell gewählt werden, wenn man sich auf reelle ω- und $\vec{k}$-Werte, d.h. ungedämpfte Blochwellen, beschränkt (siehe Gl. (5.1.12)). Insbesondere ist dann auch der Koeffizient $\vec{p}_0$ reell und die mittlere Polarisation der Blochwelle linear. (Elliptisch polarisierte Blochwellen sind denkbar als Überlagerung zweier linear polarisierter Blochwellen mit gleichem ω und gleichem $\vec{k}$, also bei Entartung.) Da bei Inversionssymmetrie der Materialeigenschaften in (5.1.18) der Stern weggelassen werden kann, gilt

$$\vec{p}_{-\vec{k}}(\vec{r}) = \vec{p}_{\vec{k}}(-\vec{r}).\tag{5.1.23}$$

Kombination mit (5.1.19) ergibt, daß der Realteil von $\vec{p}_{\vec{k}}(\vec{r})$ eine gerade Funktion von $\vec{r}$ ist, der Imaginärteil eine ungerade. Hingegen ist der Realteil einer räumlichen Ableitung von $\vec{p}_{\vec{k}}(\vec{r})$ eine ungerade Funktion, der Imaginärteil eine gerade.

Zur Bestimmung der energetischen Größen benötigt man die Verzerrungen

$$\begin{aligned}
\underline{\varepsilon} &= \frac{1}{2}\left\{ \left(\nabla + i\vec{k}\right)\vec{p} + \left[\left(\nabla + i\vec{k}\right)\vec{p}\right]^t \right\} e^{i(\vec{k}\cdot\vec{r}-\omega t)} \\[2mm]
&= \left[\left(\nabla + i\vec{k}\right)\vec{p}\right]_s e^{i(\vec{k}\cdot\vec{r}-\omega t)}
\end{aligned}\tag{5.1.24}$$

(man beachte die Schreibweise des symmetrisierten dyadischen Produktes mit einem tiefgestellten s) und die Spannungen, die sich im Falle lokaler Isotropie noch explizit hinschreiben lassen, ohne unhandlich zu werden:

$$\underline{\sigma} = \left\{ \lambda\left(\nabla + i\vec{k}\right) \cdot \vec{p}\,\underline{I} + 2\mu\left[\left(\nabla + i\vec{k}\right)\vec{p}\right]_s \right\} e^{i\left(\vec{k}\cdot\vec{r} - \omega t\right)}. \tag{5.1.25}$$

Nach einiger Rechnung gelangt man zu folgenden Resultaten für die zeitlich gemittelte Energiedichte ($k^2 = \vec{k}\cdot\vec{k}$, k reell)

$$w = \frac{1}{4}\left\{ \rho\omega^2\vec{p}\cdot\vec{p}^* + \lambda\left|\left(\nabla + i\vec{k}\right)\cdot\vec{p}\right|^2 \right.$$

$$\left. +\mu\left[k^2\vec{p}\cdot\vec{p}^* + \left|\vec{k}\cdot\vec{p}\right|^2\right] + 2\mu\,\mathrm{Re}\left\{ \left[\left(\nabla + i\vec{k}\right)\vec{p}\right] \cdot\cdot\left(\nabla\vec{p}\right)_s^* \right\} \right\} \tag{5.1.26}$$

und die Intensität

$$\vec{I} = \frac{\omega}{2}\,\mathrm{Re}\left\{ \lambda\left[\left(-i\nabla + \vec{k}\right)\cdot\vec{p}\right]\vec{p}^* + 2\mu\left[\left(-i\nabla + \vec{k}\right)\vec{p}\right]_s \cdot \vec{p} \right\} \tag{5.1.27}$$

(Die Gültigkeit dieser letzten beiden Ausdrücke ist nicht auf Blochwellen beschränkt, da die Periodizität von $\vec{p}$ bei der Ableitung nicht vorausgesetzt werden brauchte.) Zur Kontrolle bilde man den Grenzfall des homogenen Mediums, bei dem sämtliche ∇-Terme wegfallen und $\vec{p}(\vec{r})$, $\bar{\rho}(\vec{r})$, $\bar{\lambda}(\vec{r})$ und $\bar{\mu}(\vec{r})$ durch die mittlere Polarisation $\vec{p}_0$ und die räumlichen Mittelwerte ρ_0, λ_0 und μ_0 ersetzt werden können:

$$w_{\mathrm{hom}} = \frac{1}{4}\left\{ \left(\rho_0\omega^2 + \mu_0 k^2\right)\vec{p}_0\cdot\vec{p}_0^* + \left(\lambda_0 + \mu_0\right)\left|\vec{k}\cdot\vec{p}_0\right|^2 \right\}, \tag{5.1.28}$$

$$\vec{I}_{\mathrm{hom}} = \frac{\omega}{2}\,\mathrm{Re}\left\{ \mu_0\,\vec{p}_0\cdot\vec{p}_0^*\,\vec{k} + \left(\lambda_0 + \mu_0\right)\left(\vec{k}\cdot\vec{p}_0\right)\vec{p}_0^* \right\}. \tag{5.1.29}$$

Ein komplexes $\vec{p}_0$ bedeutet im allgemeinen eine elliptische Polarisation (vgl. Abschnitt 2.2). Bei einer longitudinalen Polarisation ($\vec{p}_0$ parallel zu $\vec{k}$) erhält man daraus

$$w_{long} = \frac{1}{4}\,\vec{p}_0\cdot\vec{p}_0^*\left\{ \rho_0\omega^2 + \left(\lambda_0 + 2\mu_0\right)k^2 \right\}, \tag{5.1.30}$$

$$\vec{I}_{long} \;=\; \frac{\omega}{2}\,\vec{p}_0\!\cdot\!\vec{p}_0^{\,*}\,(\lambda_0 + 2\mu_0)\vec{k},$$ (5.1.31)

bei transversaler Polarisation ($\vec{p}_0$ senkrecht auf $\vec{k}$)

$$w_{trans} \;=\; \frac{1}{4}\,\vec{p}_0\!\cdot\!\vec{p}_0^{\,*}\big\{\rho_0\omega^2 + \mu_0 k^2\big\},$$ (5.1.32)

$$\vec{I}_{trans} \;=\; \frac{\omega}{2}\,\vec{p}_0\!\cdot\!\vec{p}_0^{\,*}\,\mu_0\vec{k}.$$ (5.1.33)

Diese Ergebnisse lassen sich leicht mit denen von Abschnitt 3.1 in Übereinstimmung bringen.

Die räumlichen Mittelwerte von Energiedichte und Intensität einer Blochwelle lassen sich durch Entwicklung der periodischen Funktionen in (5.1.26–27) in Fourier-Reihen und anschließende Integration über eine Einheitszelle gewinnen. Aufgrund der Orthogonalität (5.1.10) reduziert sich bei der Mittelwertbildung die ursprüngliche Tripelsumme über alle Punkte des reziproken Gitters auf eine Doppelsumme:

$$\langle w \rangle \;=\; \frac{1}{4}\,\mathrm{Re}\sum_{m,n}\rho_{n-m}\omega^2\,\vec{p}_m\!\cdot\!\vec{p}_n^{\,*}$$

$$+\lambda_{n-m}\Big[\big(\vec{G}_m + \vec{k}\big)\cdot\vec{p}_m\Big]\Big[\big(\vec{G}_n + \vec{k}\big)\cdot\vec{p}_n^{\,*}\Big]$$

$$+\mu_{n-m}\Big\{k^2\vec{p}_m\!\cdot\!\vec{p}_n^{\,*} + \big(\vec{k}\!\cdot\!\vec{p}_m\big)\big(\vec{k}\!\cdot\!\vec{p}_n^{\,*}\big)$$ (5.1.34)

$$+2\Big[\big(\vec{G}_m + 2\vec{k}\big)\vec{p}_m\Big]_s\cdots\big(\vec{G}_n\vec{p}_n^{\,*}\big)\Big\},$$

$$\langle \vec{I} \rangle \;=\; \frac{\omega}{2}\,\mathrm{Re}\sum_{m,n}\lambda_{n-m}\Big[\big(\vec{G}_m + \vec{k}\big)\cdot\vec{p}_m\Big]\vec{p}_n^{\,*}$$

$$+2\mu_{n-m}\Big[\big(\vec{G}_m + \vec{k}\big)\vec{p}_m\Big]_s\cdot\vec{p}_n^{\,*}.$$ (5.1.35)

Gelegentlich ist es vorteilhaft, die Terme der Doppelsummen mit $m = 0$ oder $n = 0$ separat aufzuführen:

$$\sum_{m,n} (...) = (...)_{\substack{m=0 \\ n=0}} + \sum_{n=0}^{m\neq0} (...)_{n=0} + \sum_{n\neq0}^{m=0} (...)_{m=0} + \sum_{\substack{m\neq0 \\ n\neq0}} (...).$$

(5.1.36)

Bei Umkehr der Ausbreitungsrichtung kommt man mit (5.1.19) zu den nicht weiter überraschenden Beziehungen

$$w_{-\vec{k}}(\vec{r}) \;=\; w_{\vec{k}}(\vec{r}),$$

(5.1.37)

$$\vec{I}_{-\vec{k}}(\vec{r}) \;=\; -\vec{I}_{\vec{k}}(\vec{r}).$$

(5.1.38)

Bei inversionssymmetrischer Inhomogenität gelten zusätzlich

$$w_{\vec{k}}(-\vec{r}) \;=\; w_{\vec{k}}(\vec{r}),$$

(5.1.39)

$$\vec{I}_{\vec{k}}(-\vec{r}) \;=\; \vec{I}_{\vec{k}}(\vec{r}).$$

(5.1.40)

Die Periodizität des Mediums ist keine notwendige Voraussetzung für die Gültigkeit der Beziehungen (5.1.37–40). Ein nicht-periodisches Medium läßt sich näherungsweise durch ein periodisches beschreiben, dessen Einheitszelle sehr groß (z.B. verglichen mit einer Blochwellenlänge) gewählt wird. Wenn nun die Frequenz einer Welle nicht zu tief ist, wird der Einfluß der aufgezwungenen Periodizität auf die Welle gering sein. Formal gesehen gehen beim Übergang zu einer unendlich großen Einheitszelle die Fourier-Reihen in Fourier-Integrale über; die Beweisführung bleibt dieselbe: ihre wesentlichen Stützen sind die Zeitumkehrinvarianz der Bewegungsgleichungen (2.1.6) und die Inversionssymmetrie des Mediums.

5.2 Näherung für tiefe Frequenzen

Bei tiefen Frequenzen sind die Wellenlängen groß gegen die Abmessungen einer Einheitszelle der periodischen Struktur. Im reziproken Raum heißt dies

$$|\vec{k}| \ll |\vec{G}_l|, \qquad\qquad l \neq 0.$$

(5.2.1)

Das Medium kann in diesem Fall als näherungsweise homogen angesehen und mit effektiven Moduln beschrieben werden (Stichwort: Homogenisierung [5.11–12]). Obwohl lokale Isotropie vorausgesetzt wurde, ist die Wellenausbreitung im allgemeinen anisotrop, wobei die Art der Anisotropie durch die Symmetrieeigenschaften der periodischen Struktur bestimmt wird.

Die hier verfolgte Näherung beschränkt sich auf Blochwellen mit frequenzunabhängiger, möglicherweise aber richtungsabhängiger Ausbreitungsgeschwindigkeit:

$$\omega(\vec{k}) = c(\vec{e})k, \qquad \vec{k} = k\vec{e} \tag{5.2.2}$$

($\vec{e}$: Einheitsvektor in Ausbreitungsrichtung). Biegewellen, für die $\omega \sim k^2$ gilt, treten daher nur mit dem trivialen Wert $c = 0$ in Erscheinung. Mit der Vernachlässigung (5.2.1) werden die Matrizen $\underline{V}$ des Gleichungssystems (5.1.12) zu

$$\underline{V}_{00} = k^2\left[\mu_0\underline{I} + (\lambda_0 + \mu_0)\vec{e}\vec{e}\right],$$

$$\underline{V}_{l0} = k\left[\mu_l\vec{G}_l \cdot \vec{e}\underline{I} + \lambda_l\vec{G}_l\vec{e} + \mu_l\vec{e}\vec{G}_l\right] \qquad (l \neq 0),$$

$$\underline{V}_{0n} = k\left[\mu_{-n}\vec{e} \cdot \vec{G}_n\underline{I} + \lambda_{-n}\vec{e}\vec{G}_n + \mu_{-n}\vec{G}_n\vec{e}\right] \qquad (n \neq 0), \tag{5.2.3}$$

$$\underline{V}_{ln} = \mu_{l-n}\vec{G}_l \cdot \vec{G}_n\underline{I} + \lambda_{l-n}\vec{G}_l\vec{G}_n + \mu_{l-n}\vec{G}_n\vec{G}_l \qquad (n \neq 0 \neq l).$$

Angesichts der k-Abhängigkeiten dieser Matrizen können die zu k^2 proportionalen Terme $\omega^2\rho_{l-n}$ in (5.1.12) mit der Ausnahme $l = n = 0$ vernachlässigt werden: Im Grenzfall tiefer Frequenzen ist für die Polarisationsfunktion einer Blochwelle nur die mittlere Massendichte von Bedeutung, nicht aber die räumliche Verteilung der Masse. Das Gleichungssystem (5.1.12) vereinfacht sich zu

$$\left[\omega^2\rho_0 - \underline{V}_{00}\right]\vec{p}_0 = \sum_{n\neq0}\underline{V}_{0n} \cdot \vec{p}_n \qquad (l = 0)$$

$$-\underline{V}_{l0} \cdot \vec{p}_0 = \sum_{n\neq0}\underline{V}_{ln} \cdot \vec{p}_n \qquad (l \neq 0). \tag{5.2.4}$$

Die Lösungen $\vec{p}_n$ können beliebig normiert werden. Diese Freiheit sei in der Weise genutzt, daß der Betrag der mittleren Polarisation $\vec{p}_0$ von der Frequenz und damit von der Wellenzahl k unabhängig und z.B. auf die Längeneinheit normiert wird. Damit nun in (5.2.4) alle Terme einer Gleichung proportional zur gleichen Potenz von k sind, müssen die Beträge der $\vec{p}_n$ für $n \neq 0$ proportional zu k sein. Dies läßt sich explizit durch

$$\vec{p}_n = k \, \underline{s}_n \cdot \vec{p}_0 \qquad\qquad (n \neq 0) \qquad (5.2.5)$$

ausdrücken. Nach einigen mathematischen Überlegungen [5.10, S. 20–21] kommt man schließlich zu dem Gleichungssystem

$$\left[\rho_0 c^2 \underline{I} - \underline{v}_{00} - \sum_{n \neq 0} \underline{v}_{0n} \cdot \underline{s}_n \right] \cdot \vec{p}_0 = 0, \qquad (5.2.6)$$

$$-\underline{v}_{l0} = \sum_{n \neq 0} \underline{v}_{ln} \cdot \underline{s}_n, \qquad (l \neq 0) \qquad (5.2.7)$$

dessen Lösungen nur noch von der Ausbreitungsrichtung $\vec{e}$, aber nicht mehr von der Wellenzahl k abhängen. Die Matrizen $\underline{s}_n$, mit denen nach (5.2.5) die Polarisationsfunktion erzeugt werden kann, sind unabhängig vom Eigenwert c^2, also für die im dreidimensionalen Medium zu erwartenden drei Ausbreitungsgeschwindigkeiten und Eigenvektoren $\vec{p}_0$ gleich. Die Gleichungen (5.2.7) werden in der Regel iterativ gelöst (siehe [5.8–10]); die anschließende Bewältigung der Eigenwertgleichung (5.2.6) ist vergleichsweise einfach und erfordert „schlimmstenfalls" die Wurzeln einer Gleichung dritten Grades.

Aufgrund der vorstehenden Ausführungen besitzt die tieffrequente Näherung für die Polarisationsfunktion die Form

$$\vec{p}_{\bar{k}}(\vec{r}) = \vec{p}_0(\vec{e}) + ik\vec{q}(\vec{e};\vec{r}) \qquad (5.2.8)$$

mit den von k unabhängigen Funktionen $\vec{p}_0$ und $\vec{q}$. Letztere sei als „Modulationsfunktion" bezeichnet, weil sie die Ortsabhängigkeit enthält, mit der die ebene Welle moduliert wird (siehe Gl. (5.1.1–2)). Wenn wie in allen Beispielen dieses Kapitels Inversionssymmetrie vorliegt, sind $\vec{p}_0$ und die Modulationsfunktion reelle Größen (vgl. Gl. (5.1.19)); daher die Einführung der imaginären Einheit in die Definition (5.2.8).

Die folgenden Gleichungen (5.2.9–14) gelten für ungedämpfte Blochwellen in inversionssymmetrischen periodischen Medien im

Grenzfall tiefer Frequenzen. Aus den Symmetrien der Matrizen $\underline{v}_{ln}$ und (5.2.7) ergibt sich

$$\underline{s}_{-n} = -\underline{s}_n, \qquad \vec{p}_{-n} = -\vec{p}_n \qquad (n \neq 0), \qquad (5.2.9)$$

wodurch der k-abhängige Teil der Polarisationsfunktion imaginär und die Modulationsfunktion in der Tat reell wird:

$$\vec{q}(\vec{r}) = \sum_{n\neq 0} \vec{q}_n \sin\left(\vec{G}_n \cdot \vec{r}\right), \qquad \vec{p}_n = k\vec{q}_n. \qquad (5.2.10)$$

(Die Summanden sind gerade Funktionen von n; es genügt daher, über eine Hälfte der reziproken Gitterpunkte zu summieren und das Ergebnis zu verdoppeln. Man beachte, daß die Fourier-Koeffizienten von $\vec{q}(\vec{r})$ für die komplexe Fourier-Reihe (5.1.8) $-i\vec{q}_n$ heißen!) Der Zeitmittelwert der Energiedichte und die Intensität sind gegeben durch

$$w = \frac{1}{4}k^2\left\{\rho c^2 |\vec{p}_0|^2 + \lambda\left(\vec{e}\cdot\vec{p}_0 + \nabla\cdot\vec{q}\right)^2\right.$$

$$\left. +\mu\left[|\vec{p}_0|^2 + \left(\vec{e}\cdot\vec{p}_0\right)^2 + 2(\nabla\vec{q} + 2\vec{e}\vec{p}_0)\cdot\cdot(\nabla\vec{q})_s\right]\right\}, \qquad (5.2.11)$$

$$\vec{I} = \frac{c}{2}k^2\left\{(\lambda + \mu)\left(\vec{e}\cdot\vec{p}_0\right)\vec{p}_0 + \mu|\vec{p}_0|^2\vec{e}\right.$$

$$\left. +\lambda(\nabla\cdot\vec{q})\vec{p}_0 + 2\mu(\nabla\vec{q})_s\cdot\vec{p}_0\right\} \qquad (5.2.12)$$

Die räumlichen Mittelwerte über eine Einheitszelle lauten:

$$\langle w \rangle = \frac{1}{4}k^2\left\{\rho_0 c^2 |\vec{p}_0|^2 + \left(\lambda_0 + \mu_0\right)\left(\vec{e}\cdot\vec{p}_0\right)^2 + \mu|\vec{p}_0|^2\right.$$

$$+2\sum_{m\neq 0}\lambda_m\left(\vec{e}\cdot\vec{p}_0\right)\left(\vec{G}_m\cdot\vec{q}_m\right) + 2\mu_m\left(\vec{e}\vec{p}_0\right)\cdot\cdot\left(\vec{G}_m\vec{q}_m\right)_s$$

$$+\sum_{\substack{m\neq 0 \\ n\neq 0}}\lambda_{n-m}\left(\vec{G}_m\cdot\vec{q}_m\right)\left(\vec{G}_n\cdot\vec{q}_n\right) \qquad (5.2.13)$$

$$\left. +2\mu_{n-m}\left(\vec{G}_m\vec{q}_m\right)\cdot\cdot\left(\vec{G}_n\vec{q}_n\right)_s\right\},$$

$$\langle \vec{I} \rangle = \frac{c}{2} k^2 \Big\{ (\lambda_0 + \mu_0)(\vec{e} \cdot \vec{p}_0)\vec{p}_0 + \mu |\vec{p}_0|^2 \vec{e}$$

$$+ \sum_{m \neq 0} \lambda_m (\vec{G}_m \cdot \vec{q}_m)\vec{p}_0 + 2\mu_m (\vec{G}_m \vec{q}_m)_s \cdot \vec{p}_0 \Big\}. \tag{5.2.14}$$

Die Gleichungen (5.2.11–14) wurden erstmals in [5.13–14] in leicht abgewandelter Schreibweise veröffentlicht. Dort bedeuten die $\vec{p}_m$ $(m \neq 0)$ die durch k dividierten Werte, die hier mit $\vec{q}_m$ bezeichnet werden. Andere Unterschiede lassen sich leicht in Einklang bringen: Es ist gleichgültig, ob in den Doppelsummen μ_{n-m} oder μ_{n+m} steht. Man braucht lediglich den Summationsindex m durch $-m$ zu ersetzen und $\vec{G}_m \vec{q}_m = \vec{G}_{-m}\vec{q}_{-m}$ zu verwenden, um die Äquivalenz der Schreibweisen zu erkennen. Im Grenzfall des homogenen Mediums kann die Übereinstimmung mit (5.1.28–29) geprüft werden.

Für die numerische Arbeit ist es von Vorteil, zu normierten Größen überzugehen. Dies geschieht hier analog zum Abschnitt 3.3 mit

$$\lambda_0 + 2\mu_0 = \rho_0 = |\vec{G}_{100}| = 1. \tag{5.2.15}$$

Geschwindigkeitseinheit ist die Longitudinalwellengeschwindigkeit eines homogenen Mediums mit den räumlich gemittelten Materialdaten des periodischen Mediums. Längeneinheit ist der Kehrwert der Länge des kleinsten reziproken Gittervektors in 100-Richtung (= x-Richtung). In den verwendeten Computerprogrammen wird außerdem der Betrag der mittleren Polarisation gleich eins gesetzt:

$$|\vec{p}_0|^2 = 1. \tag{5.2.16}$$

Um eine von der Wellenzahl k unabhängige Darstellung zu bekommen, wird in den folgenden Unterabschnitten die Intensität auf $ck^2/2$ und die Energiedichte auf $k^2/2$ normiert.

5.2.1 Allgemeine Lösung für eindimensionale Medien

Im eindimensionalen Fall reduzieren sich alle Vektoren und Tensoren auf Skalare, was die wesentlichen Gleichungen beträchtlich vereinfacht. Mit der Normierung (5.2.16) lautet die Polarisationsfunktion

$$p(r) = 1 + ikq(r). \tag{5.2.17}$$

Zur Beschreibung der elastischen Eigenschaften genügt ein einziger Modul

$$\zeta = \lambda + 2\mu. \tag{5.2.18}$$

Die räumliche Variation von ζ soll inversionssymmetrisch sein; q ist daher eine reelle Funktion. Die Intensität und das Zeitmittel der Energiedichte ergeben sich damit zu

$$I(r) \;=\; \zeta(r)[1 + q'(r)] = I, \tag{5.2.19}$$

$$w(r) \;=\; \frac{1}{2}\Big\{\rho(r)c^2 + \zeta(r)[1 + q'(r)]^2\Big\} = \frac{1}{2}\Big\{\rho(r)c^2 + \frac{I^2}{\zeta(r)}\Big\}. \tag{5.2.20}$$

Da keine Energiequellen oder -senken berücksichtigt werden, muß die Intensität wegen des Energieerhaltungssatzes räumlich konstant sein. Die räumliche Variation von w_{kin} ist proportional zur Dichteverteilung $\rho(r)$, die von w_{pot} umgekehrt proportional zur Steifeverteilung $\zeta(r)$. Wie der räumliche Mittelwert der Modulationsfunktion verschwindet auch der Mittelwert ihrer räumlichen Ableitung, welche mit $q'(r)$ bezeichnet wurde. Mit diesen beiden Aussagen folgt aus (5.2.19) unmittelbar

$$I = \left\langle \frac{1}{\zeta(r)} \right\rangle^{-1}, \tag{5.2.21}$$

$$\langle w \rangle = \frac{1}{2}\big\{c^2 + I\big\}. \tag{5.2.22}$$

Nach dem Rayleighschen Prinzip (2.4.9) sind kinetischer und potentieller Anteil gleich groß. Daraus folgt schließlich der analytische Ausdruck für die Phasengeschwindigkeit

$$c = \left\langle \frac{1}{\zeta(r)} \right\rangle^{-\frac{1}{2}}, \tag{5.2.23}$$

die zugleich Gruppengeschwindigkeit ist, weil keine Frequenzabhängigkeit vorliegt. In der hier vorgenommenen Normierung ist

$$\langle w \rangle = \langle I \rangle = I = c^2. \tag{5.2.24}$$

Es könnte der Gedanke aufkommen, daß die Geschwindigkeit c auch durch Mittelung der Kehrwerte der lokalen Geschwindigkeiten $\sqrt{\zeta/\rho}$, d.h. durch Integration über die Laufzeiten einer Welle, zu gewinnen sei. Dies ist aber nicht korrekt; man erhält so lediglich eine obere Grenze:

$$c_{Laufzeit} = \left\langle \frac{1}{\sqrt{\zeta}} \right\rangle^{-1} \geq c. \tag{5.2.25}$$

Diese über die Laufzeiten bestimmte mittlere Geschwindigkeit dürfte erst bei Beteiligung höherer Frequenzen, z.B. bei der Wellenfront einer impulsförmigen Anregung, in Erscheinung treten.

Die Lösung für $q(r)$ läßt sich aus der Differentialgleichung (5.2.19) durch unbestimmte Integration gewinnen:

$$q(r) = I \int \frac{dr'}{\zeta(r')} - r. \tag{5.2.26}$$

Die Integrationskonstante wird durch die Forderung $\langle q(r) \rangle = 0$ festgelegt. Im Zusammenhang mit Gl. (5.1.23) wurde gezeigt, daß die Modulationsfunktion eine ungerade Funktion von r ist, d.h. daß obige Forderung auch durch $q(0) = 0$ ersetzt werden kann, wenn man $q(r)$ für die Einheitszelle am Koordinatenursprung ausrechnet. Die analytischen Lösungen (5.2.20–24,26) wurden erstmals in [5.15] angegeben.

5.2.2 Eindimensionale Beispiele

Zur Veranschaulichung der Ergebnisse des vorigen Abschnitts seien zwei einfache Beispiele ausgewählt. Das erste mit stückweise konstantem elastischen Modul $\zeta(r)$ ist schon früher analytisch behandelt worden, indem die Ansätze für Verschiebungen und Spannungen an den Grenzen zwischen den in sich homogenen Materialstücken aneinander angepaßt wurden (Stichwort: geschichtete Medien [5.16]). Beschränkt man sich auf die periodische Aneinanderreihung von zwei verschiedenen Materialstücken mit einem Modulunterschied

$$\zeta_A - \zeta_B = \Delta > 0 \qquad\qquad (5.2.27)$$

und einem relativen Längenanteil w des Materials A mit der größeren Steife kann die Geschwindigkeit aus

$$c^2 = \frac{(1 - w\Delta)\big[1 + (1 - w)\Delta\big]}{1 + (1 - 2w)\Delta} \qquad\qquad (5.2.28)$$

ausgerechnet werden [5.10]. Da der Mittelwert von $\zeta(r) > 0$ auf eins normiert ist, gilt die Einschränkung

$$0 < \Delta < \frac{1}{w}. \qquad\qquad (5.2.29)$$

Abb. 5.1 zeigt das „Modulprofil" $\zeta(r)$ und die Modulationsfunktion $q(r)$ in einer Einheitszelle für den Fall $w = 2/3$, $\Delta = 6/5$. Wie aus (5.2.26) zu abzulesen, setzt sich $q(r)$ aus Geradenstücken zusammen. Die Geschwindigkeit beträgt ungefähr 0.683, ist also kleiner als der Wert 1, der sich für ein durchgehend homogenes Medium mit der mittleren Steife $\zeta_0 = 1$ ergibt.

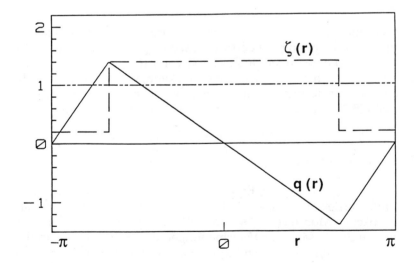

Abb. 5.1:   Steife $\zeta(r)$ und Modulationsfunktion $q(r)$ bei einem Anteil $w = 2/3$ des steiferen Materials und einem Steifeunterschied $\Delta = 6/5$.

In Abb. 5.2 ist der räumliche Verlauf des Verschiebungsfelds

$$u(r,t) \quad = \quad \cos(kr - \omega t) - kq(r)\sin(kr - \omega t)$$

$$\approx \quad \cos\left[k(r + q(r)) - \omega t\right] \tag{5.2.30}$$

(phasenmodulierte Welle!) für zwei Zeiten, die ein Viertel der Periode
T auseinanderliegen, auf der Strecke von zehn Einheitszellen einge-
zeichnet (Wellenzahl $k = 0.1$). Die Welle verläuft in Bereichen geringer
Steife i.a. steiler als in Bereichen großer Steife. Wie zu erwarten, ist also
die Verzerrung $\varepsilon = u'$ in den weicheren Bereichen größer als in den
härteren. (Durchlaß- und Sperrbänder von geschichteten Medien werden in [Z.12] untersucht.)

Variiert die Steife kontinuierlich, ist die Lösungsmethode für stückweise konstante Steife nicht mehr anwendbar, es sei denn man würde
im Sinne eines Grenzübergangs unendlich viele Teilstücke betrachten.
Hingegen läßt sich mit der allgemeinen Lösung des vorigen Abschnitts
in einfachen Fällen sogar ein explizit analytisches Ergebnis erzielen.

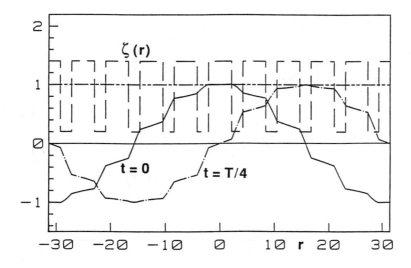

Abb. 5.2:   Verschiebungsfeld $u(r,t)$ nach (5.2.30) mit der Wellenzahl $k = 0.1$ zu verschiedenen Zeiten t für die Steifevariation $\zeta(r)$ aus Abb. 5.1.

Liegt beispielsweise eine sinusförmige Variation

$$\zeta(r) = 1 + 2\zeta_1 \cos r \tag{5.2.31}$$

vor, folgt für die Geschwindigkeit

$$c = \sqrt[4]{1 - (2\zeta_1)^2} \tag{5.2.32}$$

und für die Modulationsfunktion

$$q(r) = 2 \arctan\left[\sqrt{\frac{1 - 2\zeta_1}{1 + 2\zeta_1}} \tan \frac{r}{2}\right] - r. \tag{5.2.33}$$

Mit $\zeta_1 = 0.45$ (Abb. 5.3–4) wird $c \approx 0.660$. Der räumliche Verlauf der Lösungen unterscheidet sich von den Ergebnissen des vorigen Beispiels vor allem durch das Fehlen von „Ecken" (Unstetigkeiten in den räumlichen Ableitungen). Ansonsten herrscht qualitative Übereinstimmung.

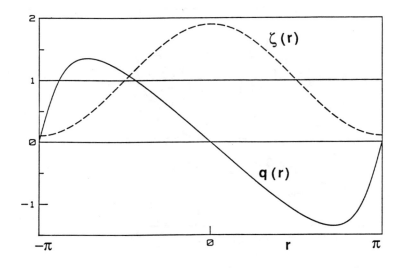

Abb. 5.3:   Sinusförmige Steife $\zeta(r)$ nach (5.2.31) mit $\zeta_1 = 0.45$ und Modulationsfunktion $q(r)$ nach (5.2.33).

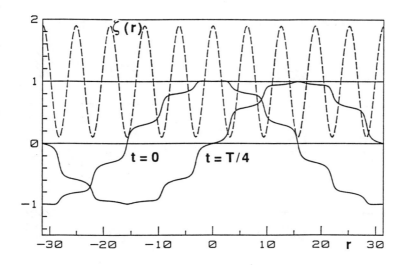

Abb. 5.4:   Verschiebungsfeld $u(r,t)$ nach (5.2.30) mit der Wellenzahl $k = 0.1$ zu ver-
             schiedenen Zeiten t für die Steifevariation $\zeta(r)$ aus Abb. 5.3.

5.2.3 Zweidimensionales Beispiel

Für Medien, die in zwei oder drei Dimensionen räumlich periodisch
sind, scheint es bislang keine nicht-trivialen analytischen Lösungen zu
geben. Da die Intensität räumlich nicht konstant zu sein braucht, führt
die Anwendung des Energieerhaltungssatzes nicht mehr auf elegante
Weise zur Lösung, wie dies im eindimensionalen Medium der Fall war.
Die Divergenz der Intensität muß lokal verschwinden (siehe (2.1.14)).
Mit dieser Bedingung analytisch zu einer Lösung zu gelangen, ist angesichts der komplizierten Abhängigkeit der Intensität von der Polarisationsfunktion (siehe (5.1.27) und (5.2.12)) ziemlich schwierig, wenn
nicht hoffnungslos. Vorläufig jedenfalls ist man auf numerische Methoden angewiesen, was in der Regel mit Problemen bei Konvergenz
und Rechenleistung verbunden ist.

   Die von Sheng und Tao [5.8–9] entwickelte Methode konvergiert
nicht immer [5.10], stellte sich aber für das folgende Beispiel eines „Loch-
blechs" (Abb. 5.5) als brauchbar heraus. Die Seitenlänge des quadrati-
schen Lochs im Zentrum der Einheitszelle ist ein Drittel der Seitenlänge der Einheitszelle. Diese Struktur wurde in [5.8] als Ausgangsstadi-
um bei der Erzeugung des fraktalen Sierpinski-Teppichs behandelt. Es
ergeben sich zwei Moden als Lösungen, wobei die erste mit der niedri-

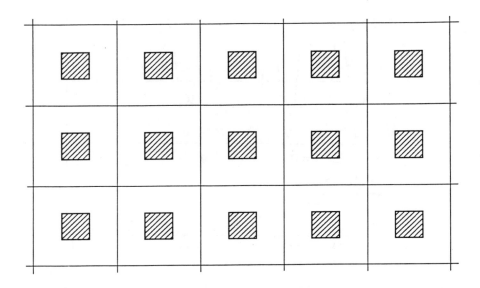

Abb. 5.5:   Ausschnitt aus einem zweidimensionalen Medium aus isotropem Ma-
             terial mit periodisch angeordneten quadratischen Löchern („Lochblech").

geren Geschwindigkeit vorwiegend transversal, die zweite vorwiegend
longitudinal polarisiert ist.

Die Rechnung wurde für eine Poisson-Zahl von 1/6 durchgeführt
und ergibt eine relativ kleine Anisotropie der Geschwindigkeiten [5.10,
Gl. (143–147)]. Die in (5.2.8) definierte Modulationsfunktion errechnet
sich als Produkt aus einer Matrizensumme und dem Vektor der mittleren Polarisation:

$$\vec{q}(r) = \left\{ \sum_{n \neq 0} \underline{s}_n \sin(\vec{G}_n \cdot \vec{r}) \right\} \cdot \vec{p}_0. \tag{5.2.34}$$

Entsprechend zu (5.2.30) erhält man für das Verschiebungsfeld in reel-
ler Schreibweise

$$\vec{u}(\vec{r}, t) = \vec{p}_0 \cos(\vec{k} \cdot \vec{r} - \omega t) - k\vec{q}(\vec{r}) \sin(\vec{k} \cdot \vec{r} - \omega t). \tag{5.2.35}$$

Eine Darstellung als phasenmodulierte Welle ist im zwei- oder dreidimensionalen Fall nicht mehr möglich.

Mit Abb. 5.6–7 wird für verschiedene Ausbreitungsrichtungen eine graphische Veranschaulichung von Modulationsfunktion und Verschiebungsfeld versucht. Dies geschieht in Abb. 5.6 dadurch, daß die Modulationsfunktion als Verschiebungsfeld interpretiert und die daraus resultierende Verzerrung der Einheitszelle (Verzerrung der 2 × 4 Netzlinien) dargestellt wird. Auf eine eingehende Erörterung dieser Verzerrungen kann hier verzichtet werden. Es mag genügen darauf hinzuweisen, daß sich die räumliche Periodizität der Modulationsfunktion deutlich abzeichnet und ihr Einfluß in der Nähe des Lochs am größten ist. Für Abb. 5.7, die die tatsächliche Verzerrung der Einheitszelle zeigen soll, mußte eine Wellenzahl gewählt werden, die die Voraussetzung (5.2.1) tiefer Frequenzen erheblich verletzt ($k = 0.5$), andernfalls wären die Unterschiede zum homogenen Medium kaum zu erkennen gewesen. Die Abbildung kann daher lediglich eine qualitative Aussage vermitteln. Beim homogenen Medium wären bei Mode 1 (Scherwelle) die von oben nach unten verlaufenden Netzlinien vertikale Geradenstücke, die von links nach rechts laufenden Netzlinien sinusförmig; bei Mode 2 (Kompressionswelle) wären sämtliche Netzlinien horizontale oder vertikale Geraden, nur die Abstände zwischen den vertikalen Netzlinien würden durch die Verzerrung verändert ($t = T/4$: Dilatation; $t = 3T/4$: Kompression). Die Abweichungen von diesem Verhalten sind, wie zu erwarten, besonders in der Nähe des Lochs zu beobachten; dort ist das Medium effektiv weicher und nachgiebiger.

Die folgenden Abb. 5.8–9 mit den zugehörigen Energie- und Intensitätsverteilungen aus [5.13–14] dürften die ersten dieser Art sein. In Abb. 5.8 sind außer den Intensitäten (Pfeile) die zeitlich gemittelten Energiedichten als Kreise dargestellt, und zwar ist der Radius des inneren Kreises proportional zum kinetischen Anteil, der des äußeren Kreises proportional zur gesamten Energiedichte. Man sieht deutlich, daß die Gesamtenergiedichte inhomogen verteilt ist, und zwar je nach Mode in unterschiedlicher Weise. Außerdem ist das Rayleighsche Prinzip lokal verletzt: Beispielsweise ist bei der Mode 2 die potentielle Energiedichte am linken und rechten Rand des Lochs ziemlich klein oder gar null, während sie am oberen und unteren Rand vergleichsweise groß ist.

Um einen besseren Eindruck vom zeitlich gemittelten Energiestrom zu bekommen, sind in Abb. 5.9 die Intensitätspfeile in höherer räumlicher Auflösung und ohne die Energiedichten dargestellt. Bei der „schiefen" Ausbreitungsrichtung (22.5°) ist die räumlich gemittelte Intensität nicht mehr parallel zum Wellenvektor, wie dies auch bei homogenen, aber anisotropen Medien der Fall ist (Abschnitt 4.1). In der Tat läßt sich bei tiefen Frequenzen dieses periodische, lokal isotrope Medium durch ein homogenes, anisotropes Medium ersetzen, wenn nur Mittelwerte über eine Einheitszelle verlangt werden. Mittlere Polarisa-

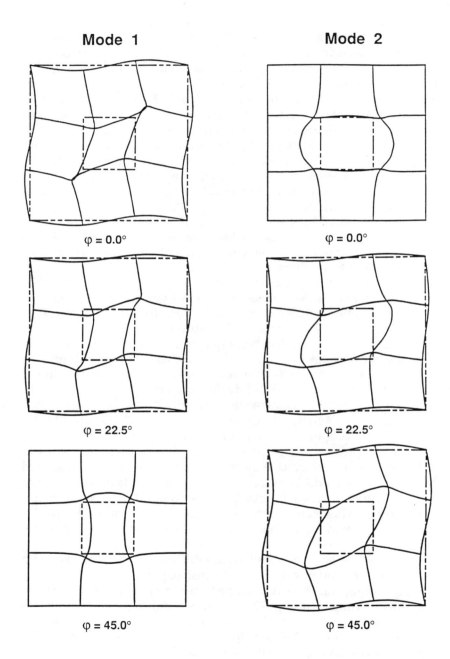

Abb. 5.6:   Verzerrung der Einheitszelle von Abb. 5.5 durch die Modulationsfunk-
              tion (5.2.34) für verschiedene Richtungen φ des Wellenvektors.

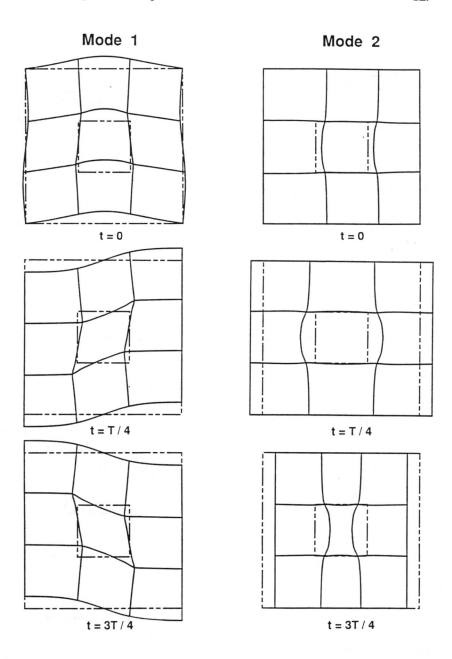

Abb. 5.7:   Verzerrung der Einheitszelle von Abb. 5.5 nach (5.2.35) mit der Wellenzahl $k = 0.5$ zu verschiedenen Zeiten t bei Ausbreitung in x-Richtung ($\varphi = 0°$, d.h. nach rechts).

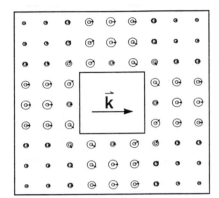 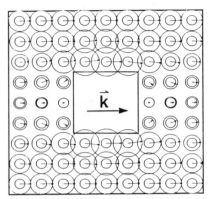

Abb. 5.8:   Intensitäten (Pfeile) und zeitlich gemittelte Energiedichten (Kreise; Ra-
             dius eines inneren Kreises proportional zur kinetischen Energiedichte,
             Radius eines äußeren Kreises proportional zur gesamten Energiedich-
             te) in einer Einheitszelle der periodischen Struktur von Abb. 5.5.

tion, mittlere Intensitätsrichtung und Verhältnis von Gruppen- zu Phasengeschwindigkeit beider Moden stimmen in diesem Fall sehr gut mit
den in Abschnitt 4.1 berechneten Werten für das homogenisierte Medium überein (siehe Tab. 4.1). Die Abweichungen betragen bei den Intensitätsrichtungen höchstens 0.1°, bei den Geschwindigkeitsverhält-
nissen weniger als 1%. Der Unterschied bei den Polarisationen von
knapp 1.4° ist wohl deshalb etwas größer, weil bei der Rechnung fürs
periodische Medium keine Extrapolation [5.10] vorgenommen wurde.
    Die „Flußlinienbilder" beider Moden sind sehr unterschiedlich:
Während sich bei der vorwiegend transversalen Mode 1 der Energiestrom „geschmeidig" dem Hindernis anpaßt und auf geschwungenen
Pfaden um das Loch herumfließt, ist er bei der vorwiegend longitudinalen Mode 2 ziemlich „starr", geradlinig und dort schwächer, wo er
auf das Loch auftrifft.
    Mit Bildern dieser Art kann studiert werden, wie die Energiedich-
ten verteilt sind, wie Körperschallenergie um Löcher herumfließt und
wie sie sich bei sonstigen Veränderungen der lokalen Materialparame-
ter verhält. Das ist besonders dann von Interesse, wenn es darum geht,
Schallenergie zu fokussieren, zu verteilen oder in bestimmte Richtungen zu lenken. Wird zusätzlich die Materialdämpfung berücksichtigt,
kann versucht werden, durch gezielte Materialauswahl und Struktur-

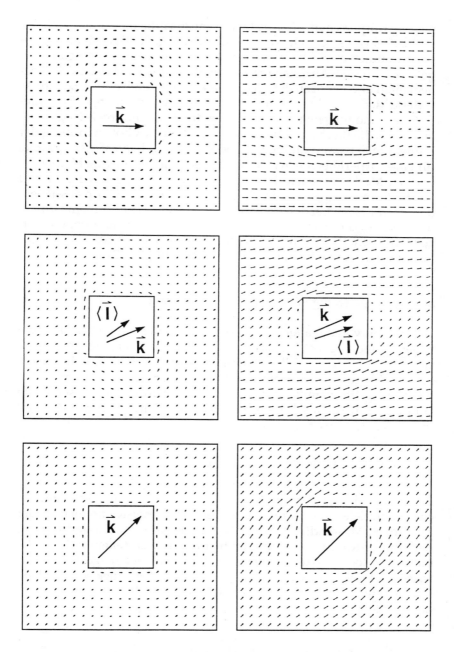

Abb. 5.9:   Intensitäten für verschiedene Ausbreitungsrichtungen (Winkel des Wel-
              lenvektors $\vec{k}$: 0°, 22.5°, 45°). Bei „schiefer" Ausbreitungsrichtung (22.5°)
              sind $\vec{k}$ und die mittlere Intensität $\langle\vec{I}\rangle$ nicht mehr parallel.

gebung Körperschall möglichst wirksam zu vernichten oder möglichst verlustfrei von einem Ort zum andern zu leiten. Inwieweit dabei Akustikerträume verwirklicht werden können, muß an dieser Stelle offen gelassen werden. An dem gerechneten Beispiel allein lassen sich Möglichkeiten und Grenzen der „Schallsteuerung" durch periodisch strukturierte Medien nicht erkennen. Man darf aber annehmen, daß der Einfluß der Inhomogenität mit zunehmender Frequenz anwächst, vor allem wenn die Blochwellenlänge schließlich in die Größenordnung der Einheitszelle kommt und Sperrbänder auftreten können. (Als Beispiel für einen experimentellen Nachweis dieses für periodische Medien typischen Merkmals seien die Messungen an einer gemauerten Wand aus Kalksand-Lochsteinen [5.17] genannt.) Die bislang noch ausstehenden Rechnungen bei höheren Frequenzen werden aus diesem Grunde mit Ungeduld erwartet. Eine Übersicht über die Strukturen, die derzeit mit einem Pascal-Programm des Verfassers im Grenzfall tiefer Frequenzen berechenbar sind, findet man in [5.10, Abb. 21].

5.3 Grundgleichungen für beliebige Anisotropie

Ausgehend von der allgemeinen Bewegungsgleichung (2.1.11) für ein beliebig inhomogenes Medium mit beliebiger lokaler Anisotropie läßt sich das Problem der Wellenausbreitung in periodischen Medien in ein Standard-Eigenwertproblem umwandeln. Dazu bedarf es eines kleinen Kunstgriffs, nämlich der Division (2.1.11) durch die Massendichte $\rho(\vec{r}) \neq 0$; außerdem wird ein harmonischer Zeitverlauf mit der Frequenz ω vorausgesetzt.

$$\omega^2 u_i + \rho^{-1}\left[C_{ijkl}u_{k,lj} + C_{ijkl,j}u_{k,l}\right] = 0. \tag{5.3.1}$$

Es schließt sich die Fourier-Transformation der räumlich veränderlichen Materialeigenschaften an, wobei die Fourier-Komponenten der reziproken Massendichte mit $\tilde{\rho}^l$ bezeichnet werden. Die Indizierung der Fourier-Komponenten erfolgt hier mit hochgestellten Indizes, damit sie bei den Matrixelementen von $\underline{C}$ nicht mit den tiefgestellten kartesischen Indizes ins Gehege kommen. Durch Fettdruck soll der Vektorcharakter betont und eine Verwechslung mit Exponenten vermieden werden:

$$\omega^2 u_i + \sum_{l,m}\exp\left[\mathrm{i}\left(\vec{G}^l + \vec{G}^m\right)\cdot\vec{r}\right]\tilde{\rho}^l\,C_{ijkl}^m\left[u_{k,lj} + \mathrm{i}G_j^m u_{k,l}\right] = 0. \tag{5.3.2}$$

Setzt man für den Verschiebungsvektor die Blochwelle

$$u_i = \sum_n p_i^n \exp\left[i\left(\vec{k} + \vec{G}^n\right) \cdot \vec{r}\right]$$

(5.3.3)

an, ergibt sich nach Multiplikation mit $\exp\left[-i\left(\vec{k} + \vec{G}^{n'}\right) \cdot \vec{r}\right]$

$$\sum_n \left\{ \omega^2 p_i^n \exp\left[i\vec{G}^{n-n'} \cdot \vec{r}\right]\right.$$

$$\left. -\sum_{l,m} \exp\left[i\vec{G}^{l+m+n-n'} \cdot \vec{r}\right]\left[\tilde{\rho}^l C_{ijkl}^m \left(k_l + G_l^n\right)\left(k_j + G_j^{m+n}\right)p_k^n\right]\right\} = 0.$$

(5.3.4)

Integration über eine Einheitszelle vereinfacht diese Gleichung zu

$$\omega^2 p_i^{n'} = \sum_{l,m,n} \delta_{l+m+n,n'} \tilde{\rho}^l C_{ijkl}^m \left(k_l + G_l^n\right)\left(k_j + G_j^{m+n}\right)p_k^n.$$

(5.3.5)

Die Ausführung der Summe über l bewirkt, daß das Kronecker-δ wegfällt und l durch $n' - (m + n)$ ersetzt wird:

$$\omega^2 p_i^{n'} = \sum_{m,n} \tilde{\rho}^{n'-(m+n)} C_{ijkl}^m \left(k_l + G_l^n\right)\left(k_j + G_j^{m+n}\right)p_k^n.$$

(5.3.6)

Durch Umsummierung und Umbenennung von Indizes gelangt man schießlich zur gewohnten Form eines Eigenwertproblems,

$$\omega^2 p_i^n = \sum_{l,m} \tilde{\rho}^{n-m} C_{ijkl}^{m-l} \left(k_l + G_l^l\right)\left(k_j + G_j^m\right)p_k^l,$$

(5.3.7)

dessen Eigenwerte ω^2 und Eigenvektoren p_i^n mit Standardverfahren bestimmt werden können.
   Mit

$$C_{ijkl}^m = \lambda^m \delta_{ij}\delta_{kl} + \mu^m \left(\delta_{ik}\delta_{jl} + \delta_{il}\delta_{jk}\right)$$

(5.3.8)

erhält man den lokal isotropen Fall, bei dem auf der rechten Seite nicht mehr über drei kartesische Indizes, sondern nur noch über einen zu summieren ist:

$$\omega^2 p_i^n = \sum_{l,m} \tilde{\rho}^{n-m} \left\{ \left[\lambda^{m-l} \left(k_j + G_j^l \right) \left(k_i + G_i^m \right) \right. \right.$$

$$\left. + \mu^{m-l} \left(k_i + G_i^l \right) \left(k_j + G_j^m \right) \right] p_j^l$$

$$\left. + \mu^{m-l} \left(k_j + G_j^l \right) \left(k_j + G_j^m \right) p_i^l \right\}.$$

(5.3.9)

Diese Gleichung wurde 1992 von Sigalas und Economou angegeben und für periodische Einbettungen homogener Kugeln in einem homogenen Medium mit abweichenden Materialeigenschaften ausgewertet [Z.13]. Untersucht wurden vor allem Bandstrukturen, insbesondere das Auftreten von Bandlücken (Sperrbändern), jedoch keine Energiedichten oder Intensitäten. Braga und Herrmann [Z.14] behandelten ausführlich die Wellenausbreitung in periodisch geschichteten Medien, die aus homogenen, elastisch anisotropen Schichten bestehen. Energetische Aspekte blieben aber auch hier unberücksichtigt.

Zur analytischen Behandlung des Grenzfalls tiefer Frequenzen ist die anisotrope Verallgemeinerung von (5.1.12),

$$\sum_n \left\{ \omega^2 \rho^{l-n} \delta_{ik} - C_{ijkl}^{l-n} \left(k_j + G_j^l \right) \left(k_l + G_l^n \right) \right\} p_k^n = 0,$$

(5.3.10)

besser geeignet als die Form (5.3.7). Das weitere Vorgehen entspricht dem in Abschnitt 5.2. Sollten bei der numerischen Durchführung Konvergenzprobleme auftreten, kann man möglicherweise auch durch direkte numerische Lösung von (5.3.7) für einige genügend kleine k-Werte rasch zum Ziel gelangen.

6 Inhomogene Körper mit nicht-periodischer Struktur

Strenggenommen ist die Struktur fast aller in Wirklichkeit vorkommender fester Körper nicht periodisch, da Periodizität im mathematischen Sinne eine unendliche Ausdehnung erfordert (wenn nicht ein ringförmiges oder sonstwie zyklisches Gebilde vorliegt). Oft ist jedoch der Einfluß der Begrenzung aus verschiedenen Gründen, z.B. wegen ausreichend hoher Materialdämpfung, klein genug, um das für unendlich ausgedehnte Medien charakteristische Verhalten auch in der Wirklichkeit beobachten zu können. Oder man ist in der Lage, durch Überlagerung von Lösungen für streng periodische Medien Lösungen für endliche Körper zu gewinnen. Diese Möglichkeiten rechtfertigen aus der Sicht der Anwendung die Bemühungen des fünften Kapitels.

In diesem sechsten Kapitel soll es nun weniger um Strukturen gehen, deren Periodizität nur unvollkommen verwirklicht ist, sondern vor allem um solche, bei denen eine räumliche Wiederholung von exakt gleichen Teilen überhaupt nicht oder nur in Grenzfällen vorkommt. Um zu einer möglichst einfachen theoretischen Beschreibung zu gelangen, ist man wiederum gezwungen, die wirklichen Strukturen zu idealisieren. Zum Studium der Wellenausbreitung unter Vernachlässigung von Dämpfungserscheinungen wird die Ausdehnung der Struktur in wenigstens einer Raumrichtung als unendlich angenommen. Wie im Falle periodischer Strukturen besteht in vielen Fällen die begründete Hoffnung, die theoretischen Ergebnisse im Experiment wiederzuerkennen. Die exemplarische Behandlung idealisierter Aufgaben besitzt jedenfalls einen hohen wissenschaftlichen Stellenwert, selbst wenn eine quantitative Übereinstimmung von Theorie und Experiment nicht immer gelingt und oft mit großem Aufwand auf beiden Seiten verbunden ist. Da die komplexe Wirklichkeit nur sehr unvollkommen berechnet werden kann, muß zunächst das grundsätzliche Verständnis der auftretenden Phänomene gefördert und vertieft werden, was vor allem anhand einfacher Modellsituationen und mit Hilfe allgemeiner physikalischer Gesetze, insbesondere mit dem Energieerhaltungssatz, geschehen kann. Dabei sollte sich schließlich herausstellen, welche Merkmale der wirklichen Situation für die aktuelle Fragestellung wesentlich sind und welche ohne Schaden vernachlässigt oder vereinfacht werden können. Auf diese Weise kann versucht werden, ein Modell zu erstellen, das sowohl rechnerisch zu bewältigen als auch realistisch ist.

Entsprechend der Vielfalt akustisch relevanter Strukturen vom Streichinstrument über Gebäude und Fahrzeuge bis zur Erdkruste gibt es inzwischen eine unübersehbare Fülle von Literatur über Körperschall in inhomogenen und nicht-periodischen Medien. Die angewendeten Methoden sind entsprechend vielfältig und können hier nicht alle erwähnt oder gar besprochen werden. Eine eingehende energetische Betrachtung, sprich die Berechnung von Energiedichten und Intensitäten, ist meistens nicht erfolgt und sollte nachgeholt werden, wenn davon aufschlußreiche Ergebnisse zu erwarten sind.

Die Methode der Finiten Elemente (FEM) wird erst seit wenigen Jahren zur Berechnung von akustischen Energien und Intensitäten benutzt [6.1; 2.17], z.B. mit Hilfe eines Postprozessors „McPOW", der die Ergebnisse des bekannten FEM-Programms „NASTRAN" verarbeitet [6.2]. Ebenfalls für den Bereich tieferer Frequenzen geeignet ist die „Wellenkopplungsmethode", die für ebene Anordnungen von dünnen Stäben von Rosenhouse programmiert [6.3–5] und vom Verfasser um die Berechnung der energetischen Größen ergänzt wurde [6.6]. Das Prinzip dieser Methode, das auch von anderen Autoren benutzt wird [6.7–8], besteht darin, in jedem Stab hin- und herlaufende Longitudinal- und Biegewellen (inklusive der Nahfelder) anzusetzen und ihre Amplituden durch Erfüllung der Randbedingungen an den Verbindungspunkten zwischen den Stäben zu bestimmen.

Bei hohen Frequenzen, bei denen diese beiden Methoden nicht mehr anwendbar sind, greift man, wenn möglich, auf die Statistische Energieanalyse (SEA) zurück [6.10; 2.13, Kap. V.8], die die Aufteilung der gesamten Schwingungsenergie eines Systems auf die verschiedenen Schwingungsformen und einzelnen Teile des Systems untersucht. Fahy und White [6.11] diskutieren Gültigkeit, Genauigkeit und Anwendbarkeit dieser Methode im Hinblick auf die Körperschallintensität. Obwohl die SEA schon über dreißig Jahre lang vielfach angewendet wird, gibt es bis heute kein allgemein anerkanntes Verfahren, um brauchbare statistische Vertrauensgrenzen (engl.: confidence limits) abzuschätzen. Es sollte deshalb verstärkt versucht werden, den Energiefluß experimentell zu bestimmen und so zuverlässigere Informationen über die sogenannten Kopplungsverlustfaktoren zu gewinnen.

Die ebenfalls auf hohe Frequenzen beschränkte Methode der Schallstrahlverfolgung, die am Ende von Abschnitt 4.1 kurz angesprochen wurde, gelangt auch bei inhomogenen Medien zur Anwendung, insbesondere wenn diese stückweise homogen sind. Damit können beispielsweise Ultraschalltransmissionsverluste in polykristallinen Materialien in Abhängigkeit von der Korngröße und Anisotropie untersucht werden [6.53].

Die folgenden Abschnitte 6.1 und 6.2 enthalten einige Bemerkungen zu inhomogenen, nicht-periodischen Medien mit Strukturen, die jeweils in gewissem Sinne einfach und daher einer Berechnung am ehesten zugänglich sind. Die erste Gruppe von Strukturen bilden die

„geschichteten Medien", die aus homogenen, isotropen oder anisotropen Platten konstanter Dicke und unendlicher Ausdehnung zusammengefügt sind. Die Materialeigenschaften sind also stückweise konstant und nur von der Koordinate längs der Schichtennormale abhängig. Diese einfache Gesetzmäßigkeit gestattet analytische Lösungen in zahlreichen Fällen. Die zweite Gruppe der sogenannten „ungeordneten Medien" bildet einen Gegenpol zur ersten, indem die Materialeigenschaften zwar ebenfalls stückweise konstant sind, aber von sämtlichen Raumkoordinaten in statistisch ungeordneter Weise abhängen. Die Information über die Materialverteilung ist also unvollständig und erlaubt keine spezifischen Ergebnisse für den Einzelfall, sondern lediglich statistische Mittelwerte und Wahrscheinlichkeitsverteilungen. Durch diese prinzipielle Einschränkung wird die Berechnung ungeordneter Medien bis zu einem gewissen Grade einfach, insbesondere dann, wenn die Hauptschwierigkeiten durch Mittelwertbildung beseitigt werden können. Im Gegensatz zur ersten Gruppe kommt man bei der zweiten kaum ohne Näherungsmethoden und anspruchsvolle theoretische Hilfsmittel aus; sie ist daher weniger einfach in der Behandlung als die erste.

In beiden genannten Gruppen treten wichtige akustische Phänomene auf, die vom homogenen Medium her unbekannt sind. Beiden Gruppen kommt auch in der praktischen Anwendung – sei es in der Bau- oder Maschinenakustik, sei es in der Seismik – eine große Bedeutung zu. Die Folge ist eine große Anzahl von Veröffentlichungen, die hier nicht systematisch aufgearbeitet, sondern nur stichprobenartig ausgewertet werden können. Die getroffene Auswahl spiegelt einerseits den Stand der Forschung, andererseits die Kenntnisse und Interessen des Verfassers wider und beansprucht keine Ausgewogenheit. Gleiches gilt für die Beschränkung auf geschichtete und ungeordnete Medien. Die Akustik beispielsweise in quasikristallinen [6.12–13] oder fraktalen [6.14; 5.8] Strukturen ist sicherlich ein reizvolles Arbeitsgebiet, das sich mit einiger Wahrscheinlichkeit auch einmal in der praktischen Anwendung auswirken wird. Die Behandlung dieser exotischen Strukturen verbietet sich aber im Rahmen dieses Buches allein schon wegen der dazu notwendigen umfangreichen Darstellung der mathematischen Beschreibung dieser Objekte.

6.1 Geschichtete Medien

Fügt man zwei homogene Halbräume mit verschiedenen Materialeigenschaften zusammen, entsteht das einfachste Beispiel eines geschichteten Mediums. Wie bei der freien Oberfläche eines Festkörpers treten Reflexionen an der Diskontinuität der Materialeigenschaften auf. Ebenso gibt es Wellen, deren Amplitude exponentiell mit dem Abstand von der Grenzfläche abnimmt (Stoneley-Wellen [2.6, S. 194]). Neu im Vergleich zum homogenen Medium ist das Phänomen der Brechung, das in den Lehrbüchern meistens zusammmen mit der Reflexion behandelt wird. Eine einfallende ebene Welle erzeugt in der Regel mehr als eine gebrochene Welle. Die Winkel, unter denen die gebrochenen Wellen von der Grenzfläche weglaufen, werden wie für die reflektierten Wellen am besten mit Hilfe der Langsamkeitsdiagramme für beide Medien gewonnen [2.4, Kap. 9]. Diese Methode ist auch bei anisotropen Medien anwendbar. Gründliche Studien für beliebige Anisotropie beider Medien stehen mit [6.15; Z.15] zur Verfügung. Sie betonen den energetischen Aspekt des Problems und weisen unter anderem darauf hin, daß der streifende Einfall einer Welle sinnvollerweise über die Energiestromrichtung und nicht über den Wellenvektor definiert werden sollte. Grundsätzliche Schwierigkeiten treten sonst eigentlich kaum auf; es sind wohl in erster Linie die zahlreichen Sonderfälle und kritischen Winkel, die den Überblick im konkreten Beispiel erschweren können. Bezüglich der Intensitäten der sich überlagernden gebrochenen Wellen gelten sinngemäß die Ausführungen des Abschnitts 3.2 für die Überlagerung von einfallender Welle und reflektierten Wellen.

Unnötige Verwirrung wird durch die verkehrte Begriffsbildung „innere konische Brechung" (engl.: internal conical refraction) gestiftet [4.5]. Gemeint ist damit die Ausbreitung einer reinen Transversalwelle längs einer Richtung, in der Entartung vorliegt und die Richtung der Transversalschwingung durch Überlagerung der beiden entarteten Transversalmoden beliebig vorgegeben werden kann. Variiert man die (lineare) Polarisation, beschreibt der Intensitätsvektor einen Kegel um die Ausbreitungsrichtung. Als Beispiele werden genannt die 111-Richtung bei kubischer Symmetrie oder die 001-Richtung bei trigonaler Symmetrie [4.10]. Mit Brechung hat dieser Fall nichts zu tun, da er sich vollständig innerhalb eines homogenen Mediums abspielt. Waterman [4.10] bemüht sich, Energiestrom und Symmetrie in Einklang zu bringen, unterliegt aber in seiner Schlußweise dem Irrtum, daß die Intensitäten der überlagerten entarteten Wellen additiv seien. Dies ist nach Abschnitt 2.7 meistens nicht der Fall. Die der Symmetrie angepaßte Überlagerung der beiden Moden besitzt eine elliptische oder zirkulare Polarisation und einen Energiestrom in Ausbreitungsrichtung.

Bei der „äußeren konischen Brechung" (engl.: external conical refraction) [4.5] sind tatsächlich zwei Medien beteiligt: In einem anisotropen Medium breite sich eine Überlagerung von Wellen aus, deren Wellenvektoren auf einem Kegel liegen und deren Intensitäten alle parallel zur Achse des Kegels sind. Trifft dieser Energiestrom senkrecht auf eine Grenzfläche zu einem isotropen Medium, entstehen dort zwei Scharen von Intensitäts- und Wellenvektoren, die jeweils auf einem

Kegelmantel liegen, einer für die transversalen Wellen, der andere für die longitudinalen.

Wenn man sich streng an die zugrundeliegende Rechnung hält, die ebene Wellen zum Gegenstand hat, findet weder bei der inneren noch bei der äußeren konischen Brechung tatsächlich eine kegelförmige Energieausbreitung von einem Punkt aus statt, da sich die zur jeweiligen Kegelachse senkrechten Komponenten wegmitteln. Dies kann sich erst dann ändern, wenn die einfallenden Wellen in ihrer seitlichen Ausdehnung begrenzt sind, wenn also mit Körperschallstrahlen gearbeitet wird.

Als weitere einfache Struktur aus zwei verschiedenen Materialien sei die auf einen Halbraum aufgebrachte Platte erwähnt. Falls beide Materialien elastisch isotrop sind und die Transversalwellengeschwindigkeit im Halbraum größer als in der Platte ist, können Oberflächenwellen auftreten, die rein transversal und horizontal (d.h. in der Plattenebene) polarisiert sind. Der exponentielle Abfall mit dem Abstand von der Oberfläche beginnt allerdings erst im Halbraum; die Platte stellt gewissermaßen die Oberfläche des Halbraums dar. Diese Wellen, die vor allem in der Seismik eine Rolle spielen, werden Love-Wellen [2.6, S. 218] genannt. Ähnlich den Wellen in freien Platten sind sie dispersiv, und außer der Grundmode gibt es auch höhere Moden. Energiedichten und Intensitäten von Love-Wellen lassen sich nach dem Schema von Abschnitt 3.3 analytisch berechnen.

Bei räumlich begrenzter Anregung der Oberfläche eines solchen Halbraums mit einer oder mehreren plattenförmigen Schichten können sich bemerkenswerte Energiestromlinienmuster ausbilden [Z.16; Z.17]. Es gibt einerseits geschlossene Stromlinien, also Intensitätswirbel, in deren Zentrum die Energiestromdichte verschwindet, andererseits Stomlinien, die annähernd parallel zur Oberfläche verlaufen und Energie zurück in Richtung zur Anregestelle transportieren. Letztere werfen die Frage auf, ob die Energie aus dem Unendlichen kommt oder ob eine solche Stromlinie Teil eines sehr großen geschlossenen Umlaufs ist. Die Autoren [Z.17] stellen fest, daß es wie bei einer freien Platte im Vakuum Moden gibt, die bei bestimmten Frequenzen negative Gruppengeschwindigkeiten besitzen. Resonanzartige Anregung führt zu starkem Rückwärtsfluß entlang der Grenzflächen zwischen den Schichten. Eine überzeugende anschauliche Erlärung der energetischen Vorgänge steht noch aus.

Mit zunehmender Komplexität der Strukturen verstärkt sich die Neigung, zu numerischen Methoden zu greifen. Einen Überblick über verschiedene Ansätze zur Behandlung von geschichteten Platten und die entsprechenden FEM-Modellierungen gibt Reddy [6.16]. Mit etwas Geschick lassen sich aber viele solcher Strukturen noch weitgehend analytisch bewältigen, wie dies Nayfeh [6.17] vor kurzem bewiesen hat. Er betrachtet eine aus endlich vielen Schichten aufgebaute Platte, die unterschiedlichen Randbedingungen (z.B. Kräftefreiheit an den Oberflächen) unterworfen oder periodisch fortgesetzt werden kann. Jede Schicht darf sich ziemlich allgemein anisotrop, nämlich monoklin, verhalten; die Orientierung der Symmetrieachsen ist nur dadurch beschränkt, daß die nicht rechtwinkligen Seiten der Einheitszelle [5.2, S. 38] parallel zur Schichtung liegen müssen. Die Ausbreitungsrichtung der gesuchten Wellenlösung kann beliebig gewählt werden und unterliegt nicht der häufig anzutreffenden Einschränkung auf Richtungen parallel oder senkrecht zur Schichtung. Nayfeh benutzt die bekannte, auf Thomson [6.18] zurückgehende Transfermatrix-Methode. In jeder Schicht wird eine Überlagerung von sechs ebenen Wellen mit unbekannten Amplituden angesetzt. Die drei Komponenten des Verschiebungsvektors und die drei an den Grenzflächen stetigen Komponenten des Spannungstensors lassen sich zu einem sechsdimensionalen Vektor zusammenfassen. So kann der lineare Zusammenhang zwischen den für die Rechnung wesentlichen Größen an benachbarten Grenzflächen durch eine Matrix, die „Transfermatrix" für die Schicht zwischen diesen Grenzflächen, beschrieben werden. Da der Sechser-Vektor an den Grenzflächen stetig ist, gelangt man durch Multiplikation mit der Transfermatrix der nächsten Schicht zur nächsten Grenzfläche. Die Verknüpfung der Sechser-Vektoren an den beiden Oberflächen einer mehrschichtigen Platte wird somit in eleganter Weise durch das Produkt der Transfermatrizen aller Schichten bewerkstelligt. Die Randbedingungen an den Oberflächen führen schließlich zu den Phasengeschwindigkeiten der Gesamtlösung. Alle gewünschten Feldgrößen können dann für jeden Ort in der Platte berechnet werden. Dies gilt natürlich auch für Energiedichten und Intensitäten.

Bei transienter punkt- oder linienförmiger Anregung des geschichteten Mediums, z.B. in der Seismik, ist die mit der Transfermatrix-Methode gewonnene Lösung nur von beschränktem Nutzen. Im Prinzip lassen sich durch Überlagerung von solchen Lösungen auch Lösungen für die genannten Anregungsarten erzeugen. Wenn aber bei diesem Vorgehen ein zu hoher Aufwand zu befürchten ist, halte man besser nach anderen Lösungsmethoden Ausschau. Eine effektive Methode zur Berechnung des Wellenfeldes, das von einer impulsiven Punktquelle in einem geschichteten anisotropen Medium abgestrahlt wird, hat van der Hijden [6.19] ausgearbeitet. Die Grundgleichungen werden bezüglich der Zeit Laplace-transformiert und bezüglich der zur Schichtung parallelen kartesischen Koordinaten Fourier-transformiert. Dann folgt ein der Transfermatrix-Methode verwandter Matrixformalismus zur Berücksichtigung der Schichtung. Die Rücktransformation in den Raum-Zeit-Bereich kann mit der Cagniard-de-Hoop-Methode (geschickte Deformation des Integrationsweges in der komplexen Ebene;

siehe auch [2.6, S. 298]) bewältigt werden und liefert die Greensche Funktion des Problems. Die Faltung mit dem Zeitverlauf der Anregung liefert das gesuchte Wellenfeld, das sich als geeignete Überlagerung von verallgemeinerten Schallstrahlen auffassen läßt.

Schallstrahlen sind eng mit dem Transport akustischer Energie verknüpft und eignen sich gut für die Beschreibung akustischer Phänomene bei kurzen Wellenlängen und kurzzeitigen Störungen. Unter Umständen genügt dafür eine ziemlich einfache Beschreibung, z.B. wenn es um die Bestimmung von Laufzeiten geht. Lerche [6.20] betrachtet einen Knallsender und einen Empfänger, die sich in einigem Abstand voneinander in gleicher Höhe über der Grenzfläche zwischen zwei anisotropen Medien befinden, und untersucht die Laufzeitdifferenz zwischen dem normal reflektierten Strahl und der durch das Auftreffen des Strahls an der Grenzfläche möglicherweise verursachten Kopfwelle. (Zur Erzeugung von Kopfwellen siehe z.B. [2.6, S. 307].) In günstigen Fällen lassen sich durch solche Messungen anisotrope Schallgeschwindigkeiten bestimmen.

Für andere Anwendungen wie die zerstörungsfreie Prüfung von faserverstärkten Materialien durch Ultraschallpulse wurde die in Abschnitt 4.1 erwähnte Methode von Norris [4.11] entwickelt, die auch auf stückweise homogene Medien anwendbar ist. Ihr Gültigkeitsbereich läßt sich sogar auf Medien mit kontinuierlich veränderlichen Eigenschaften und auf schwach nichtlineare Effekte erweitern [6.21]. Der Anwendung angepaßt wird nicht mit ebenen Wellen gerechnet, sondern mit gaußförmigen Wellenpaketen, die asymptotische Lösungen der Wellengleichung für hohe Frequenzen darstellen. Ein solches Wellenpaket ist in allen drei Raumrichtungen von begrenzter Ausdehnung und sein Zentrum bewegt sich im homogenen Material geradlinig mit der Gruppengeschwindigkeit fort. Im Lauf der Zeit verbreitert sich das Wellenpaket, im anisotropen Medium je nach Ausbreitungsrichtung unterschiedlich stark. An Grenzflächen, die nicht eben zu sein brauchen und durch ihre lokale Tangenten und Krümmungen charakterisiert werden, entstehen neue reflektierte und transmittierte Wellenpakete, deren Parameter über die Reflexions- und Brechungsgesetze aus denen des einfallenden Pakets berechnet werden können. Norris hat den Energieinhalt eines solchen Pakets als Funktion seiner Parameter nicht bestimmt, obwohl das nicht schwierig sein dürfte. Mit diesem Zusammenhang könnte die Energieerhaltung bei Reflexion und Brechung überprüft und die Energieaufteilung mit den Ergebnissen für die ebenen Wellen (Abschnitte 3.2 und 4.2) verglichen werden.

Um den Lärm von Maschinen und technischen Anlagen zu verringern, werden oft mehrschichtige Platten verwendet, um Körperschall zu dämpfen. Die typische Ausführung besteht aus einer metallischen Grundplatte, auf die eine oder mehrere viskoelastische Schichten und eventuell eine wiederum metallische Deckplatte aufgebracht sind. Häufig sind die auftretenden Körperschallwellenlängen groß gegenüber den Schichtdicken, so daß die niederfrequenten Näherungen für die Plattenwellen benutzt werden können. Wie man Verlustfaktoren solcher mehrschichtiger Platten recht zuverlässig vorhersagen kann, wird im Abschnitt III.6 von [2.13] erläutert. Der Verlustfaktor für Biegewellen ist typischerweise zehnmal so groß wie jener für Longitudinalwellen.

Einige weitere Literaturhinweise mögen die Ausführungen zum Thema geschichtete Medien abschließen. Mit den Monografien [6.22–24] stehen kompakte Informationsquellen zur Verfügung. Skelton und James [6.54] berechnen das Fernfeld, das von einer ebenen Anordnung anisotroper Schichten bei verschiedenen Arten der Anregung (Punktkräfte, akustische Monopole, ebene Wellen) abgestrahlt wird, sowie Reflexions- und Transmissionskoeffizienten für ebene Wellen. Als Überleitung zum folgenden Abschnitt über ungeordnete Medien sei die Arbeit [6.25] zitiert, die sich mit der Statistik der Wellenausbreitung in zufällig geschichteten Medien befaßt: Eine analytische Untersuchung, die sich einer Transfermatrix-Methode bedient, wird durch Computer-Simulationen ergänzt.

6.2 Ungeordnete Medien

Im Januar 1991 erschien die erste Nummer einer neuen Zeitschrift mit dem Titel „Waves in Random Media". Sie soll den interdisziplinären Informationsaustausch zu Phänomenen und Problemen fördern, die Wellen in ungeordneten Medien betreffen und in mehr oder minder ähnlicher Form in den verschiedensten Forschungsgebieten auftreten. Angesichts der mannigfachen wechselseitigen Befruchtung der klassischen Gebiete Akustik, Elektrodynamik und Quantenmechanik in der Vergangenheit kann diese Zielsetzung nur begrüßt werden. Die „Diffusionszeit", die eine Erkenntnis braucht, um den Weg von ihrer ursprünglichen Disziplin zu einer gewinnbringenden Wirkung in einer anderen zurückzulegen, könnte sich dadurch wesentlich verkürzen. (Bis das in der Festkörperphysik entdeckte Phänomen der Anderson-Lokalisierung in der Akustik untersucht wurde, vergingen mehr als zwanzig Jahre!)

Das Erscheinen einer neuen Zeitschrift bedeutet aber auch, daß ein Wissensgebiet aktuell ist und durch eine wachsende Anzahl von Beiträgen bereichert zu werden verspricht. Die Bündelung von Informationen in einer Zeitschrift kann den immer schwieriger werdenden Überblick bewahren helfen. Die folgenden Bemerkungen versuchen einige wichtige Stichwörter aus der Akustik ungeordneter Medien verständlich zu machen, um dadurch den Zugang zu dieser manchem Akustiker doch wenig vertrauten Materie zu erleichtern.

Als typischer Vertreter eines ungeordneten Mediums dient oft ein Festkörper, der aus einem homogenen Medium besteht (vielfach als Matrix bezeichnet), in das viele (homogene) „Körner" aus einem anderen Material in unregelmäßiger Weise eingelagert sind, z.B. Bor in Aluminium [2.9, S. 210]. Die einfachste Methode, die Wellenausbreitung in solchen inhomogenen Medien näherungsweise zu behandeln, besteht darin, das Medium „effektiv" als homogen mit „effektiven Materialeigenschaften" anzusehen, die aus den tatsächlichen Materialeigenschaften der Bestandteile (Dichte, elastische Konstanten, Dämpfungsparameter) bestimmt werden müssen. Zahlreiche „Theorien des effektiven Mediums" (engl.: Effective Medium Theories) oder „Homogenisierungstechniken" wurden zu diesem Zwecke entwickelt.

Einen ersten Anhaltspunkt für die effektiven elastischen Moduln eines ungeordneten Mediums gewinnt man durch obere und untere Schranken, die sich durch eine räumliche Mittelung über die elastischen Konstanten (Voigt-Mittelwerte) bzw. über die Komplianzen (Reuss-Mittelwerte) ergeben [2.9, S. 200]. Diese Schranken sind leider nur für kleinen Volumanteil der „Körner" und kleine Differenzen der elastischen Eigenschaften von praktischer Bedeutung, weil sie sonst zu weit auseinanderliegen. Demgegenüber bieten die Hashin-Shtrikman-Schranken eine wesentlich engere Einschließung der exakten Werte [2.9, S. 202; 6.26–29]. Die Herleitung solcher Schranken beruht auf der Anwendung von Variationsprinzipien.

Eines der wenigen Lehrbücher, die sich mit Wellen in ungeordneten Medien befassen, ist das von Beltzer [2.9, Kap. V]. Darin wird auch erläutert, wie man zu frequenzabhängigen Werten für die elastischen Moduln gelangt. In einem linearen, kausalen und passiven Medium zieht diese Frequenzabhängigkeit aufgrund der Kramers-Kronig-Relationen einen Imaginärteil der elastischen Moduln nach sich: Selbst wenn keine Energiedissipation angenommen wird, findet eine „Dämpfung", etwa eine Amplitudenabnahme einer ebenen Welle, statt. Die Ursache dieser Dämpfung kann als Streuung der Welle an den „Körnern" beschrieben werden. Energie, die nicht in Ausbreitungsrichtung gestreut wird, geht der ebenen Welle verloren und führt zur Dämpfung derselben.

Streutheorien mannigfacher Ausprägung stellen deswegen ein wichtiges Handwerkszeug zur Berechnung von effektiven Moduln dar. Von zentraler Bedeutung ist dabei der Begriff Streuquerschnitt: das Verhältnis zwischen am Streukörper gestreuter Intensität und einfallender Intensität. Um zu analytischen Resultaten zu gelangen, vereinfacht man die Form des Streukörpers und betrachtet beispielsweise ein kugelförmiges „Korn". Die Berechnung von Energiedichten und Intensitäten für derartige idealisierte Situationen (vgl. auch Anhänge A und B) ist also nicht nur als Übungsaufgabe ohne praktischen Nutzen einzuschätzen. Vielmehr kann mit einer „statistischen Überlagerung" solcher analytischer Lösungen das schwierige Problem der Wellenausbreitung in ungeordneten Medien näherungsweise behandelt und im Hinblick auf allgemein gültige Gesetzmäßigkeiten erörtert werden.

Wie in der Optik und beim Luftschall findet man auch beim Körperschall die für tiefe Frequenzen typische Rayleigh-Streuung und die für hohe Frequenzen typische geometrische oder Mie-Streuung. Wenn die Dichte der Streukörper gering ist, kann Mehrfachstreuung vernachlässigt werden. Größere Dichten können schrittweise erzeugt werden, indem zunächst eine geringe Dichte von Streukörpern homgenisiert und dann in dieses effektiv homogene Medium wiederum eine geringe Dichte von Streukörpern eingebaut wird. Bei infinitesimal kleinen Iterationsschritten spricht man von einem differentiellen Schema [2.9, S. 193] und gelangt zum gewünschten Ergebnis durch Integration der gekoppelten Differentialgleichungen für die effektiven Moduln als Funktion des Volumenanteils der Streukörper.

Homogenisierungsmethoden werden nicht nur auf ungeordnete, sondern auch auf periodisch inhomogene Medien angewendet [6.30–31]. Dies geschieht auch deshalb, weil Medien, die in Wirklichkeit eine vergleichsweise ungeordnete Struktur besitzen, in der Rechnung bisweilen durch geschickt gewählte periodische Medien ersetzt werden können, ohne daß sich dies schwerwiegend aufs Ergebnis auswirkt (vgl. [6.55]). Bei fester Frequenz verringert sich der Einfluß der aufgezwungenen Periodizität, wenn die Einheitszelle vergrößert wird. Durch diese Maßnahme kann die Genauigkeit der Beschreibung eines ungeordneten Mediums mit Hilfe eines periodischen im Rahmen der verfügbaren Rechenkapazität beliebig erhöht werden.

Strukturelle Periodizität bietet den Vorteil, daß auch exakte Methoden zur Homogenisierung herangezogen werden können. Beim „Lochblech" des Abschnitts 5.2.3 diente der Blochwellenformalismus zur Bestimmung der effektiven Moduln eines äquivalenten homogenen und anisotropen Mediums im Grenzfall tiefer Frequenzen. Alle über eine Einheitszelle gemittelten Größen sind durch die Eigenschaften des effektiven Mediums festgelegt; lokale „Feinheiten" der Polarisation oder des Energiestroms um ein Loch herum sind selbstverständlich im Rahmen einer Theorie für effektive Medien nicht zu erfassen.

Die Tagungsbände [5.11–12] fassen eine ganze Reihe von Beiträgen zur Herleitung und Anwendung von Homogenisierungsmethoden zusammen. Dabei entsteht keineswegs ein einheitliches Bild; die Fülle der Themen und Darstellungsarten droht eher zu verwirren. Zum Glück gibt es Arbeiten, die sich hier um Klärung bemühen. Vor dem Hintergrund, daß verschiedene Theorien für ungeordnete Medien zu völlig verschiedenen Ergebnissen gelangen können, stellt Sheng [6.32] die Frage nach der Genauigkeit dieser Näherungen. Die Diskrepanzen seien zum überwiegenden Teil dadurch bedingt, daß die Theorien von verschiedenen Mikrostrukturen ausgehen. Es konnte gezeigt werden, daß es Theorien gibt, die für eine bestimmte Struktur exakte Ergebnisse liefern. So wäre eigentlich zu fragen, für welche Mikrostruktur eine bestimmte Theorie exakt ist. Da die Anzahl verschiedener Theorien begrenzt ist, kann nicht für jede beliebige Struktur ein exaktes Ergebnis erwartet werden. Vielmehr ist zu folgern, daß bei diesen Näherungen die Möglichkeiten zur Berücksichtigung wesentlicher Strukturmerkmale unzureichend sind. Als Ausweg empfiehlt Sheng die oben angesprochene Annäherung durch periodische Medien, die dann eine (im Prinzip) exakte Behandlung erfahren.

An den approximativen Homogenisierungsmethoden wird jedoch nach wie vor gearbeitet. Dafür sprechen die bisher erzielten Erfolge und vor allem der vergleichsweise bescheidene Rechenaufwand. Die Frage nach der Genauigkeit, die Sheng nur unvollständig beantwortet hat, stellt sich dabei aufs neue. Einen Einblick in die fast leidenschaftliche Diskussion über Mängel, Anwendbarkeit und Gültigkeitsbereiche verschiedener Theorien gewähren Gaunaurd und Wertman [6.33–34] und die von ihnen zitierten Autoren. Bemerkenswert ist die Beobachtung (siehe die Einleitung von [6.34]), daß diese Theorien, die für den Bereich großer Wellenlängen geschaffen wurden, auch noch bei höheren Frequenzen brauchbare Resultate liefern, obwohl die Voraussetzungen dafür nicht mehr erfüllt sind. Dieses Phänomen der unerwarteten Ausdehnung des Gültigkeitsbereichs, das auch von anderen physikalischen Theorien her bekannt ist (man denke z.B. an den Dichtefunktionalformalismus in der Elektronentheorie), ist bis heute im einzelnen nicht verstanden.

In einer Serie von drei umfangreichen Artikeln [6.35–37] betrachtet Sornette das Thema „Akustische Wellen in ungeordneten Medien" gewissermaßen von höherer Warte aus. Er beschränkt sich nicht auf die den Homogenisierungstechniken zugänglichen Bereiche, sondern behandelt auch den Fall starker Unordnung. Die „höhere Warte" findet ihren Ausdruck auch in der theoretischen Beschreibung, die sich Greenscher Funktionen und Diagramm-Techniken der Quantenfeldtheorie bedient. Auf diese Weise gelingt Sornette eine einheitliche Darstellung, aus der beispielsweise verschiedene Theorien des effektiven Mediums als spezielle Näherungen hervorgehen. Wem Dyson-Gleichung, Bethe-Salpeter-Gleichung und Feynman-Diagramme fremd sind, dem wird es große Mühe bereiten, der formalen Entwicklung auch nur andeutungsweise zu folgen. Die grundlegenden Aussagen dieser „Trilogie" sind jedoch in durchaus verständliche Worte gefaßt.

Sornette versucht, die Erkenntnisse über elektronische Transportvorgänge in ungeordneten Festkörpern auf die Akustik zu übertragen. Als Ausgangspunkt der theoretischen Formulierung wählt er der Einfachheit halber die skalare Helmholtz-Gleichung. Nach dem „Universalitätskonzept" wird angenommen, daß für andere klassische Wellengleichungen, also auch für den hier interessierenden Körperschall, kein wesentlich verschiedenes Verhalten zu erwarten ist.

Für die elektrische Leitfähigkeit gilt folgendes: In ein- und zweidimensionalen ungeordneten Festkörpern sind alle Elektronenzustände lokalisiert, selbst wenn der Grad der Unordnung klein ist. Wenn die Ausdehnung des Festkörpers genügend groß ist, verhält er sich daher wie ein Isolator. Im dreidimensionalen Festkörper herrscht bei geringer Unordnung metallisches Verhalten; oberhalb eines bestimmten Unordnungsgrades sind jedoch wiederum alle Elektronenzustände lokalisiert: der Festkörper ist zum Isolator geworden. Diesen durch Unordnung verursachten Zusammenbruch der Leitfähigkeit nennt man Anderson-Lokalisierung. (Andersons berühmte theoretische Abhandlung [6.38] aus dem Jahre 1958 – oft zitiert, ihrer Schwierigkeit wegen aber selten wirklich gelesen – wurde zur Keimzelle eines vielseitigen Forschungszweiges. In einer späteren, wesentlich leichter zugänglichen Arbeit aus dem Jahre 1985 diskutiert Anderson auch die Möglichkeit der Lokalisierung in klassischen Systemen, z.B. bei der Ausbreitung von Mikrowellen, Schallwellen oder Licht in ungeordneten Medien [Z. 18].)

Dem Ladungstransport entspricht in der Akustik der Transport von Schallenergie, einer elektronischen Wellenfunktion eine Mode des elastischen Mediums. Bisher deutet alles darauf hin, daß die Abhängigkeit der Leitfähigkeit eines Mediums von dessen Dimensionalität und Unordnung im wesentlichen auf den akustischen Energietransport übertragen werden kann. (Um keinen falschen Eindruck zu erwecken, sei darauf hingewiesen, daß es auf akustischer wie auf elektronischer Seite noch zahlreiche offene Fragen gibt.) Sornette beschäftigt sich vorwiegend mit dem dreidimensionalen Fall und nennt drei Bereiche, die sich bezüglich der Energieausbreitung grundsätzlich unterscheiden. Welcher Bereich vorliegt, hängt davon ab, wie weit eine Schallwelle von ihrer Quelle oder ihrem Eintritt ins Medium bis zum Beobachtungspunkt gelaufen ist. Dieser Laufweg wird verglichen mit der (elastischen) freien Weglänge l_e und der Lokalisierungslänge ξ, die die Anderson-Lokalisierung charakterisiert. Die freie Weglänge ist umgekehrt proportional zur Dichte n der Streukörper und ihrem Streuquerschnitt σ_s,

$$l_e \approx \frac{1}{n\sigma_s},\qquad (6.2.1)$$

und beschreibt den mittleren Laufweg bis zu einem Streuvorgang.

– Ist der Laufweg kleiner als l_e, breitet sich die Welle mit nur gerin-
gen Streuverlusten wie im homogenen Medium aus. Der Energietransport erfolgt mit der effektiven Gruppengeschwindigkeit $\bar{C}$ und
gehorcht der bekannten Beziehung zwischen dem Zeitmittel w der
Energiedichte und der Intensität $\bar{I}$:

$$\bar{I} = \bar{C}w. \tag{6.2.2}$$

In diesem Bereich sind Homogenisierungsmethoden anwendbar.

– Ist der Laufweg größer als l_e, sind Mehrfachstreuungen von Bedeutung, und die Energie breitet sich nach einem Diffusionsgesetz
aus, das einen frequenzabhängigen Diffusionskoeffizienten $D(\omega)$
enthält:

$$\bar{I} = -D(\omega)\,\nabla w. \tag{6.2.3}$$

Eine Abschätzung ergibt

$$D(\omega) \approx D_0 = \frac{1}{3}Cl_e. \tag{6.2.4}$$

Bei einseitiger Anregung einer Platte der Dicke L nimmt die Intensität von der Anregungsseite zur andern Seite hin, wo die Energie
abgeführt wird, linear ab. Der Transmissionsgrad der Platte kann
mit

$$T = \frac{D}{CL} \approx \frac{l_e}{3L} \tag{6.2.5}$$

angegeben werden. Die „Undurchlässigkeit" nimmt wie beim elek-
trischen Widerstand linear mit der Dicke zu.
Wenn die Wellenlänge λ nicht mehr klein gegen die freie Weglänge
ist, können Interferenzeffekte, die durch die Überlagerung von einfallender Welle und einfach oder mehrfach gestreuten Wellen zustande kommen, nicht mehr vernachlässigt werden. Der Interfe-
renzeinfluß auf den Diffusionskoeffizienten wird als schwache Lokalisierung bezeichnet und kann für $D > 0$ mit

$$D(\omega) \approx D_0\left(1 - \left(\frac{\lambda}{l_e}\right)^2\right) \tag{6.2.6}$$

beschrieben werden.

– Wenn die Wellenlänge größer als die freie Weglänge ist, findet starke oder Anderson-Lokalisierung statt (Ioffe-Regel-Kriterium). Sie hat nichts mit Energiedissipation zu tun, sondern beruht ausschließlich auf Interferenzeffekten. Der Diffusionskoeffizient ist null; der Energietransport erfolgt langsamer als diffusiv. Bei dieser „genügend starken Unordnung" tritt die ebenfalls frequenzabhängige Lokalisierungslänge ξ in Erscheinung. Nach einer diffusionsartigen Ausbreitung der Energie über eine Strecke ξ ist diese Energie in einem Gebiet von der Ausdehnung ξ eingeschlossen, d.h. die Eigenmoden besitzen eine exponentiell abfallende Gestalt. Entsprechend nimmt der Energietransport durch die einseitig angeregte Platte mit ihrer Dicke L exponentiell ab; der Transmissionsgrad ist proportional $\exp(-L/\xi)$. Die Lokalisierungsmechanismen und der Übergang vom Diffusions- zum Lokalisierungsbereich sind im einzelnen noch nicht vollständig aufgeklärt.

Die drei Bereiche können nur in dreidimensionalen Medien auftreten. Obwohl eine akustische Anderson-Lokalisierung in einem dreidimensionalen Medium experimentell noch nicht zweifelsfrei nachgewiesen wurde, erscheint es nicht abwegig, an eine praktische Bedeutung dieses Effekts für die Entwicklung neuer Absorbermaterialien zu denken. (Um aussagekräftige Vergleiche zwischen Theorie und Experiment zu ermöglichen, muß der Einfluß der Energiedissipation berücksichtigt werden. Dies wird in [6.37] erörtert.)

In ein- und zweidimensionalen Medien findet bei Unordnung grundsätzlich eine Lokalisierung statt. Dies läßt sich schon an einfachen (in der Regel eindimensionalen) Beispielen durch analytische Rechnung, Computer-Simulation oder Laborexperiment veranschaulichen. Der erste, der sich gut zwanzig Jahre nach Andersons Arbeit dem Lokalisierungsphänomen in mechanischen Systemen zuwandte, war Hodges [6.39]. Dieser Artikel und die folgenden zusammen mit Woodhouse verfaßten Beiträge [6.40–42] ermöglichen einen elementaren Zugang zu dieser Materie anhand zweier eindimensionaler Beispiele, einem System gekoppelter Oszillatoren (Pendel) und einer Saite oder eines „Biege-Balkens" mit Massen und Federn.

Daß Lokalisierungseffekte für die Praxis von Bedeutung sein können, wird schon an diesen einfachen Beispielen erkennbar. Die Anzahl der „Bausteine" des eindimensionalen Systems braucht dafür nicht besonders groß zu sein; schon mit zehn gekoppelten Pendeln oder zehn Massen auf einer Saite kann die Wirkung von Unordnung drastisch vor Augen geführt werden. Bei einer Standardabweichung von 2.4% in den unregelmäßigen Abständen zwischen den Massen auf der Saite gelangte im vierten Durchlaßband nur 1% der Energie vom einen zum andern Ende! Ein solches Meßergebnis einer Dämpfung (Energiedissipation) zuzuschreiben, hieße die physikalische Situation völlig zu verkennen. Nicht die Dämpfung, sondern kohärente Interferenzen bewirken eine Konzentration der Energie auf die Nachbarschaft der Anregungsstelle. (Durch Ankopplung eines „Wärmebades", das durch zufällige zeitliche Fluktuationen der Saitenspannung simuliert wird, kann die Kohärenz zerstört und die Lokalisierung zum Verschwinden gebracht werden [6.37; 6.43].)

Bei der Statistische Energieanalyse (SEA) in ihrer üblichen Form werden Wellenfelder inkohärent überlagert; das Phänomen der Lokalisierung bleibt deshalb unberücksichtigt. Wenn also bei einer Anwendung der Lokalisierungseffekt wichtiger als die Dämpfung ist, wird die SEA grob falsche Voraussagen liefern. Vielleicht rührt es daher, daß bisher keine brauchbaren Vertrauensgrenzen für die Vorhersagen der SEA angegeben werden konnten.

Die theoretische Behandlung von ungeordneten Systemen endet oft mit der Angabe von Ensemble-Mittelwerten, denen unausgesprochen der Charakter des Wesentlichen anhaftet. In der praktischen Anwendung dagegen interessiert das Verhalten eines typischen Vertreters des Ensembles. Hodges [6.39] erinnert an den Hinweis von Anderson [6.38], daß typisches und mittleres Verhalten nicht notwendigerweise übereinstimmen. Eine genügend unsymmetrische Wahrscheinlichkeitsdichteverteilung (z.B. mit langem „Schwanz") kann zu erheblichen Diskrepanzen führen. Wenige „Ausreißer" (regelmäßige Strukturen!) mit außergewöhnlichen Eigenschaften sind in der Lage, das „mittlere Verhalten der typischen Vertreter" im Ensemble-Mittelwert völlig zu überdecken. So ist es möglich, daß eine bei den typischen Vertretern auftretende Lokalisierung im Ensemble-Mittel gar nicht erkennbar ist! Hodges und Woodhouse [6.41] schlagen deshalb vor, statt des linearen Mittels ein geometrisches zu verwenden, wenn das typische Verhalten charakterisiert werden soll.

In [6.44] untersucht Pierre das meistens unbeachtete Verhalten der Eigenwerte in den beiden eindimensionalen Beispielen als Funktion eines Unordnungsparameters. In den Eigenwertkurven können Besonderheiten beobachtet werden, die mit der Lokalisierung zusammenhängen: Wenn sich zwei zu verschiedenen Moden gehörende Kurven nähern, findet im weiteren Verlauf kein Überkreuzen, sondern ein „Abstoßen" oder „Abdrehen" beider Kurven statt (engl.: eigenvalue loci veering).

Mit analytischen Methoden und Monte-Carlo-Rechnungen diskutiert Pierre in einer anderen Arbeit [6.45] die Frage nach der praktischen Relevanz solcher Systeme. Er unterscheidet nach der räumlichen Ausdehnung der exponentiell abklingenden Schwingungsform schwache und starke Lokalisierung. In diesem Sinne zeigt ein System gekoppelter Oszillatoren bei schwacher Unordnung und starker Kopplung schwache Lokalisierung (Schwingung auf ca. tausend Oszillatoren beschränkt), während bei schwacher Unordnung und schwacher Kopplung starke Lokalisierung auftritt (Schwingung auf ca. zehn Oszillatoren beschränkt). Der erste Fall wird sich in der Praxis zweifellos weniger bemerkbar machen als der zweite.

Monte-Carlo-Rechnungen sind auch dazu geeignet, Theorien auf ihren Gültigkeitsbereich und ihre Genauigkeit zu prüfen. Im Falle der Saite mit Zusatzmassen auf zufälligen Positionen scheint eine selbstkonsistente Theorie wie die CPA (engl.: coherent potential approximation) in den meisten Fällen gute Ergebnisse zu liefern [6.46].

Drei weitere Experimente zum Thema Lokalisierung seien kurz erwähnt. Im ersten [6.47] wurde Luftschall durch ein Rohr geleitet, das in unregelmäßigen Abständen sackgassenartige Abzweigungen unterschiedlicher Länge besaß. Im zweiten [6.48–49] wurden Ultraschall-Oberflächenwellen durch quasikristalline oder quasiperiodische Anordnungen von parallelen Rillen auf der Oberfläche eines piezoelektrischen Kristalls geschickt. Damit kommen Begriffe wie Selbstähnlichkeit und Quasilokalisierung ins Spiel. Die theoretischen Vorhersagen haben sich, so weit dies zu erwarten war, in beiden Experimenten bestätigt. Im dritten Experiment [6.50] wurde Ultraschallausbreitung in einer Aluminiumplatte gemessen. Eine gesicherte quantitative Übereinstimmung mit der Theorie konnte in diesem Fall noch nicht erzielt werden.

Die meisten Arbeiten beschäftigen sich mit isotroper Unordnung, oder – bei experimentellen Realisierungen von eindimensionalen Systemen – mit der Wellenausbreitung in einer Richtung. In Wirklichkeit kann die Unordnung anisotrop sein; man denke an die aus inhomogenen Schichten bestehende Erdkruste. Als einfaches Modell für solche Fälle kann eine Struktur dienen, deren Inhomogenität zwischen den Extremen isotroper dreidimensionaler Unordnung und ungeordneter Abfolge homogener Schichten mittels eines Parameters θ variiert werden kann. In einer analytisch-numerischen Untersuchung [6.51] ergab sich, daß mit zunehmender Anisotropie der Struktur, d.h. je mehr sich die Schichtung durchsetzt, eine Lokalisierung (senkrecht zur Schichtung) eintritt. Bemerkenswert daran ist, daß dieser Lokalisierungsübergang nicht „allmählich", sondern in der Art eines Phasenübergangs bei einem „kritischen" Wert des Parameters θ erfolgt. Es gibt also nicht nur einen kritischen Unordnungsgrad, sondern auch eine kritische Anisotropie für den Lokalisierungsübergang in dreidimensionalen Medien.

Mit dem Hinweis auf eine weitere Literaturquelle [6.52] möge dieser Abschnitt über elastische Wellen in ungeordneten Medien ein Ende haben. Er führt weit hinaus über die eigentlichen Grundlagen zur Berechnung von Körperschallintensitäten und -energiedichten, wie sie in den vorangehenden Kapiteln an einfachen Strukturen erläutert wurden. Nachdem sich aber herausgestellt hat, daß in ungeordneten Medien aufgrund komplizierter, teils inkohärenter, teils kohärenter Überlagerung von ebenen Wellen bisher nicht gekannte Phänomene wie diffusiver Energietransport und Körperschallokalisierung in Erscheinung treten, ist es kaum noch zu rechtfertigen, dieses Gebiet völlig zu übergehen. Die obigen Ausführungen versuchen gleichsam eine Grundlage auf höherer Ebene zu schaffen, die jeder Akustiker wenigstens zur Kenntnis nehmen sollte. Die Erweiterung des akustischen Horizonts um die kollektiven Phänomene könnte jedenfalls so manche naive Fehleinschätzung vermeiden helfen und Anstöße zu neuen Entwicklungen geben.

7 Anwendungen

Die in den vorstehenden Kapiteln behandelten Grundlagen zur Berechnung von Körperschallenergiedichten und -intensitäten sind in mehrfacher Hinsicht nutzbar. Zuallererst führt eine eingehende Betrachtung der energetischen Körperschallgrößen zu einem vertieften Verständnis der akustischen Vorgänge. Ist man mit den allgemeinen Gesetzmäßigkeiten (Kapitel 2) und den besonderen Merkmalen von Energieverteilung und -transport in verschiedenen idealisierten Strukturen (Kapitel 3 bis 6) vertraut, sieht man unter Umständen schnell, worauf es bei einer praktischen Anwendung ankommt. Wenigstens ist man eher gegen Fehldeutungen gefeit und interpretiert etwa einen durch Lokalisierung verursachten exponentiellen Amplitudenabfall nicht arglos als Materialdämpfung. Detaillierte Kenntnisse von Herleitungen und Rechengängen sind zur Erlangung solcher Fähigkeiten nicht erforderlich.

Dies ändert sich, wenn die theoretische Grundlage zur Berechnung von Strukturen dienen soll, die in diesem Buch nicht vorkommen oder nur unvollständig behandelt wurden. Zum Teil kann die zitierte Literatur herangezogen werden, in anderen Fällen muß die Rechenarbeit erst geleistet werden. Das Berechnen idealisierter Strukturen darf dabei nicht als rein akademische Übung abgetan werden. Beispiele wie die Streuung einer ebenen Welle an einem kugelförmigen Hindernis veranschaulichen die wichtige Bedeutung, die solchen Aufgaben und insbesondere ihrer analytischen Lösung zukommt: Durch vielfache Überlagerung idealisierter Strukturen gelangt man zu brauchbaren Beschreibungen realistischer Strukturen mit vielen Hindernissen. Außerdem können allgemeine Gesetzmäßigkeiten und analytische Lösungen bei numerischen Rechenverfahren, die bei zahlreichen praktischen Anwendungen unumgänglich sind, oft mit großem Gewinn eingesetzt werden: Zur Kontrolle oder zur Optimierung, als Referenz, als Iterationsanfang oder als asymptotischer Grenzfall.

Schließlich ist das beständige Wechselspiel zwischen Theorie und Experiment zu nennen. Wie eine physikalische Theorie ihre praktische Bedeutung nur durch Experimente unter Beweis stellen kann, steht und fällt die Aussagekraft einer Messung mit der zugrundegelegten Theorie. Bei der Entwicklung von Meßverfahren spielt daher die begleitende theoretische Arbeit eine entscheidende Rolle.

Bei Körperschallmessungen muß man sich wohl mit einer Besonderheit abfinden, die in fluiden Medien nicht auftritt: Bisher wenigstens sind Messungen lediglich an der Oberfläche eines Festkörpers möglich. In der Mehrzahl der Fälle ist jedoch nicht etwa die Oberflächenintensität an sich, sondern die gesamte über den Querschnitt integrierte Intensität in einer Platte oder einem Stab von Interesse. Um dieses Ziel zu erreichen, mißt man entweder die Oberflächenintensität und versucht, auf die Gesamtintensität umzurechnen, oder man mißt andere Oberflächengrößen, aus denen sich die Gesamtintensität möglichst zuverlässig berechnen läßt. Auf beiden Wegen kommt man ohne Theorie und ohne Annahmen über das Schallfeld im Innern des Festkörpers nicht aus. Die Körperschalltheorie ist sozusagen „unentbehrlicher" als die Theorie für fluide Medien, weil die Rechnung für das Innere eines festen Mediums nicht durch Messungen ersetzt werden kann. Wie genau die Gesamtintensität bestimmt werden kann, hängt davon ab, wie gut die getroffenen Annahmen erfüllt sind.

Die konventionelle Methode zur Messung der Biegewellenintensität in dünnen Platten und Stäben beschreitet den zweiten Weg. Mit zunehmender Frequenz wächst der Meßfehler an, da das Verhältnis von Platten- oder Stabdicke zur Biegewellenlänge zunimmt. Wie in Abschnitt 3.3.3 gezeigt wurde, kann dieser Fehler rechnerisch bestimmt werden. Dies eröffnet die Möglichkeit, den Fehler zu korrigieren und so den Anwendungsbereich des Meßverfahrens zu höheren Frequenzen hin auszudehnen.

In besonderen Fällen ist es denkbar, daß das Körperschallfeld aufgrund zahlreicher Messungen oder ausführlicher Rechnungen so genau bekannt ist, daß die Intensität aus einer einfachen Amplitudenmessung (beispielsweise der Beschleunigung) gewonnen werden kann. Um ein solches Verfahren sollte man sich dann bemühen, wenn Intensitätsmessungen an einer Struktur oft wiederholt werden müssen, etwa zur routinemäßigen Überprüfung der Funktion von Maschinen oder der Sicherheit von technischen Anlagen. Es muß aber immer wieder geprüft werden, ob die Voraussetzungen, die diesem „Amplitudenverfahren" zugrundeliegen, erfüllt sind und nicht etwa eine Änderung von Randbedingungen eingetreten ist, die eine entsprechende Änderung bei der Umrechnung der Amplitude in die Intensität zur Folge haben müßte.

Ein weiterer für die Meßtechnik wichtiger Gesichtspunkt ist die Überprüfung von Meßverfahren und die Eichung von Meßapparaturen. Für Körperschallintensitätsmessungen gibt es noch keine diesbezüglichen Richtlinien. Wie in anderen Bereichen der Meßtechnik wird es auch hier wesentlich darauf ankommen, geeignete Probekörper zu definieren. Sie müssen eine einfache Struktur besitzen, damit das Meßergebnis möglichst genau vorausberechnet werden kann.

Wie eine Theorie über den ursprünglich ins Auge gefaßten Bereich hinaus gültig oder eine gute Näherung sein kann (Beispiel: Theorie des effektiven Mediums), so kann ein Meßverfahren bessere Ergebnisse liefern, als man vorsichtigerweise hätte erwarten dürfen. Als Beispiel sei die in der Einleitung erwähnte Lokalisierung von Schallquellen durch Körperschallintensitätsmessungen genannt. Die Methode [1.15] wurde zum Teil empirisch entwickelt; insbesondere die Empfehlungen zur Wahl des Frequenzbereichs, über den gemittelt werden soll, ergaben sich aus experimentellen Erfahrungen. Anschließend wurde versucht, diese Empfehlungen theoretisch zu begründen, was sich in einigen plausiblen Hypothesen erschöpfte. Mit den hier umrissenen „Grundlagen zur Berechnung von Energiedichten und Intensitäten" steht nun ein Handwerkszeug zur Verfügung, mit dem ein Meßverfahren gründlicher untersucht werden kann.

Weitere theoretische Anstrengungen sind notwendig, um die Kenntnisse über Intensitätsverteilungen auf kompliziertere Körperschallfelder auszuweiten. Dies bedeutet vor allem die Berücksichtigung folgender Gegebenheiten: Reflexionen an Inhomogenitäten und Begrenzungen einer Struktur; mehrere gleichzeitig aktive Schallquellen; Materialdämpfung. Wie werden sich Überlagerungen von Nahfeldern und laufenden Wellen auf die Intensität auswirken? Welche Rolle spielt die Phasenbeziehung zwischen zwei Quellen? Was geschieht bei einer Mittelung über die Frequenz? Diese und andere offene Fragen harren noch einer sorgfältigen Bearbeitung. Die Antworten werden nicht immer einfach ausfallen, weil sich Energiedichten und Energiestromdichten bei einer Überlagerung von Wellen nur ausnahmsweise addieren (vgl. Abschnitt 2.7). Zwei bemerkenswerte Beispiele für nicht-additives Verhalten sind schon beschrieben worden: die quasiperiodische Intensitätsverteilung bei der Reflexion einer ebenen Welle an einer Oberfläche (Abschnitt 3.2) und die in ungeordneten Medien mögliche schwache oder starke Lokalisierung, die ebenfalls auf kohärente Überlagerungen zurückzuführen ist (Abschnitt 6.2). Mit eingehenden Intensitätsanalysen von klug ausgewählten, idealisierten Körperschallproblemen sind weitere Beispiele zu erarbeiten, aus denen sich auch allgemein verwertbare Erkenntnisse gewinnen lassen sollten. Auf diese Weise kann das Verständnis akustischer Wirklichkeiten gefördert und die Körperschalltheorie um reizvolle Facetten bereichert werden.

8 Zusammenfassung

Eine erfolgversprechende Maßnahme zur Analyse und Lösung von Körperschallproblemen ist die Bestimmung der Intensitätsverteilung, insbesondere dann, wenn die mit herkömmlichen Methoden erzielten Ergebnisse zu keinem schlüssigen Bild oder gar in die Irre führen. Allerdings hat man bei Messung und Berechnung der Körperschallintensität in der Regel mit erheblich größeren Schwierigkeiten zu kämpfen, als dies bei der Luftschallintensität der Fall ist. Die vorliegende Abhandlung gibt einen Überblick über den gegenwärtigen Stand der Forschung auf theoretischer Seite. Gegenstand der Untersuchung ist nicht nur die Intensität, also die Energiestromdichte im zeitlichen Mittel, sondern auch die zeitlich gemittelte Verteilung von potentieller und kinetischer Energiedichte. Die Berechnungen erfolgen im Rahmen der linearisierten Elastodynamik ohne Berücksichtigung der Materialdämpfung.

Die Abhängigkeiten der genannten Energiegrößen von Schnellevektor, Verzerrungs- und Spannungstensor werden in allgemeiner Form angegeben und sind daher auch für Materialien mit beliebiger elastischer Anisotropie gültig. In einem homogenen, allseitig unendlich ausgedehnten Medium ist der Zeitmittelwert der potentiellen Energiedichte einer ebenen Welle überall gleich groß und gleich dem Zeitmittel der kinetischen Energiedichte (Rayleighsches Prinzip für laufende Wellen); die Energietransportgeschwindigkeit ist gleich der Gruppengeschwindigkeit, die im anisotropen Fall von der Phasengeschwindigkeit der ebenen Welle abweichen kann. Diese bekannten Gesetzmäßigkeiten lassen sich auf inhomogene Medien mit periodischer Struktur verallgemeinern, wenn von den zeitlich gemittelten Energiegrößen die räumlichen Mittelwerte gebildet werden und die ebene Welle durch eine elastische Blochwelle ersetzt wird. Zum Beweis dieser wichtigen Beziehungen dient der Lagrange-Formalismus. Homogene Platten und Stäbe lassen sich als Grenzfälle periodischer Strukturen auffassen; die Beziehungen gelten entsprechend für die Eigenmoden der Platte oder des Stabs bei räumlicher Mittelung über den Querschnitt.

Dem Imaginärteil der komplexen Körperschallintensität, der reaktiven oder Blindintensität, ist ein eigener Abschnitt gewidmet, in dem geprüft wird, ob die Blindintensität beim Körperschall ähnliche allgemein gültige Gleichungen erfüllt, wie sie vom Luftschall her bekannt sind. Dies bestätigt sich nur in einem einzigen Fall: Die Quellen der Blindintensität sind im Festkörper wie in fluiden Medien durch den zeitlichen Mittelwert der Lagrange-Dichte (Differenz zwischen kinetischer und potentieller Energiedichte) bestimmt. Diese Erkenntnis sollte bei der Debatte über die theoretische und praktische Bedeutung der reaktiven Körperschallintensität in Zukunft berücksichtigt werden.

Blochwellen oder ebene Wellen mit von null verschiedener Frequenz transportieren im zeitlichen Mittel zwar Energie, aber keinen Impuls. Ein resultierender Impulstransport ist nur zusammen mit einem Massetransport möglich und wird durch anregende Kräfte mit einem nicht verschwindenden Zeitmittel bewirkt.

Bei der Überlagerung von Körperschallfeldern erhebt sich die Frage, ob sich die zeitlich gemittelten Energiegrößen der Überlagerung additiv aus jenen der Teilwellen zusammensetzen. Es wird gezeigt, daß diese Additivität eher die Ausnahme darstellt, wenn man nur Teilwellen gleicher Frequenz zuläßt und Additivität bei beliebigen Phasendifferenzen zwischen den Teilwellen fordert. Die maximale Anzahl von ebenen Teilwellen ist dann sehr beschränkt und bewegt sich im n-dimensionalen Medium zwischen n und $2n$. Aus der Additivität einer Energiegröße darf nicht auf die Additivität der anderen Energiegrößen geschlossen werden. Beispielsweise können die Zeitmittel von kinetischer und potentieller Energiedichte additiv sein, während die Intensität nicht additiv ist. Auch der umgekehrte Fall ist möglich.

Die allgemeinen Grundgleichungen für Körperschallenergiedichten und -intensitäten werden für verschiedene einfache Strukturen ausgewertet. Dies geschieht weitgehend analytisch, wenn auf diese Weise mit vertretbarem Aufwand ein exaktes Resultat erzielt werden kann; andernfalls ergänzen numerische Verfahren die analytische Vorarbeit. Als bisher nicht beachtete Erscheinung sei das quasiperiodische Intensitätsprofil genannt, das bei der Reflexion einer ebenen Welle an einer freien Oberfläche entstehen kann. Eine ausführliche Behandlung erfahren die für die praktische Anwendung unentbehrlichen Wellen in isotropen Platten. Wenn Phasen- und Gruppengeschwindigkeit einer Mode bekannt sind, können die zugehörigen Energiegrößen, insbesondere auch deren Mittelwerte über die Plattendicke, analytisch als Funktionen jener (meist numerisch zu bestimmenden) Geschwindigkeiten angegeben werden. Diese strenge Berechnung der Intensität von Plattenwellen dient dazu, den Fehler des herkömmlichen, nur für tiefe Frequenzen gültigen Verfahrens zur Messung der Biegewelleintensität zu ermitteln. Mit dieser Kenntnis kann der Fehler korrigiert und der Gültigkeitsbereich des Verfahrens auf höhere Frequenzen ausgedehnt werden.

Die Berechnung der Intensität einer ebenen Welle im unbegrenzten anisotropen Medium läuft im wesentlichen auf die Bestimmung der Gruppengeschwindigkeit hinaus. Ansonsten ist die Elastodynamik anisotroper Körper in der Literatur bisher nicht schlüssig und umfassend dargestellt worden. Um einen groben Überblick zu vermitteln, werden die wichtigsten Arbeiten auf diesem nur lückenhaft erforschten Gebiet angesprochen. Da es gegenwärtig nur wenige exakte analytische Lösungen gibt, muß oft auf Näherungen und numerische Methoden zurückgegriffen werden.

Körperschall in inhomogenen Medien mit periodischer Struktur läßt sich mit Hilfe von Blochwellen beschreiben. Zur numerischen Bestimmung dieser Blochwellen in einem lokal isotropen Medium im Grenzfall tiefer Frequenzen steht ein iteratives Verfahren zur Verfügung. Im eindimensionalen Medium ist man darauf nicht angewiesen, da inzwischen eine analytische Lösung in Form eines Integrals über eine räumliche Periode vorliegt. Sie folgt aus dem Energieerhaltungssatz, der im eindimensionalen Medium ohne Dämpfung besagt, daß die Intensität räumlich konstant ist. Als zweidimensionales Beispiel dient eine Lochblech-Struktur mit quadratischer Symmetrie. Zwei Arten von Blochwellen treten auf: eine vorwiegend transversal und eine vorwiegend longitudinal polarisierte Mode. Die grafische Darstellung der Intensitätsverteilungen beider Moden veranschaulicht, in welcher Weise die Körperschallenergie um die Löcher herum fließt. Außerdem ist zu bemerken, daß die Zeitmittelwerte von kinetischer und potentieller Energiedichte lokal im allgemeinen verschieden sind. Bei tiefen Frequenzen, wenn also die Blochwellenlänge groß gegenüber der räumlichen Periode ist, kann ein periodisches Medium als „effektiv homogen" betrachtet werden, falls nur räumliche Mittelwerte von Interesse sind. Die numerischen Ergebnisse für mittlere Intensität und mittlere Polarisation stehen im Einklang mit den Vorhersagen der Theorie für ein homogenes, aber anisotropes Medium mit geeigneten elastischen Konstanten. Insbesondere bestätigt sich die Richtungsabweichung zwischen Wellenvektor und Intensitätsvektor bei „schiefen" Ausbreitungsrichtungen.

Als wichtige Vertreter inhomogener Körper mit nicht-periodischer Struktur werden die geschichteten Medien und die ungeordneten Medien herausgegriffen. In beiden Gruppen sind wesentliche akustische Phänomene zu beobachten, die in ihren Grundzügen geschildert werden. (Eine quantitative mathematische Behandlung würde hier den Rahmen sprengen.) An der Grenzfläche zwischen zwei unterschiedlichen Medien tritt wie in der Optik neben der Reflexion auch Brechung von Körperschall auf. Entsprechend den Oberflächenwellen, die sich parallel zu einer kräftefreien Oberfläche ausbreiten, gibt es Grenzschichtwellen, deren Amplitude exponentiell mit dem Abstand von der Grenzschicht abnimmt. Sie werden beispielsweise angeregt, wenn ein kritischer Einfallswinkel überschritten wird und Totalreflexion eintritt. Bei mehrfacher Schichtung macht man sich zur Berechnung der wiederholten Reflexions- und Brechungsvorgänge einen vortrefflichen mathematischen Formalismus zunutze, der in verschiedenen Varianten unter dem Namen Transfermatrix-Methode weit verbreitet ist. Intensitäts- und Energiedichteberechnungen können in diesen Formalismus, der auch anisotrope Schichten bewältigt, leicht eingebaut werden. Schließlich sei noch das bei hohen Frequenzen anwendbare Schallteilchenkonzept erwähnt, das für gaußförmige Wellenpakete ausgearbeitet wurde. Jedes Schallteilchen besitzt eine bestimmte Energie und bewegt sich mit der Gruppengeschwindigkeit fort, bis es an einer Grenzfläche in reflektierte und transmittierte Teilchen aufgespalten wird.

Bei den ungeordneten Medien kommt die Statistik ins Spiel. Im Grenzfall tiefer Frequenzen kann wie bei den periodisch inhomogenen Strukturen eine Homogenisierung betrieben werden, die „effektive" elastische Konstanten liefern soll (Theorie des effektiven Mediums). Durch die Streuung einer einfallenden ebenen Welle an den Inhomogenitäten findet im Verlauf der Ausbreitung auch ohne Materialdämpfung eine Abschwächung der Welle statt. Zusätzlich zu diesem eigentlich noch vertrauten Verhalten sagt eine umfassendere, mathematisch wesentlich anspruchsvollere Theorie der Streuung gänzlich andere Gesetzmäßigkeiten für die Körperschallausbreitung voraus: Wenn in einem dreidimensionalen Medium die Unordnung „genügend klein" ist, breitet sich die Energie über größere Entfernungen nach einem Diffusionsgesetz aus, d.h. die Intensität ist proportional zum Gradienten der. Energiedichte. Überschreitet die Unordnung ein kritisches Maß, ist der Diffusionskoeffizient null und die Energie bleibt räumlich lokalisiert (Anderson-Lokalisierung). In ein- und zweidimensionalen Medien existiert dieser „Phasenübergang" vom diffusiven zum lokalisierten Verhalten nicht; selbst bei beliebig kleiner Unordnung ist die Schallenergie grundsätzlich lokalisiert. Bei diffusivem Energietransport ist der Transmissionsgrad einer Schicht umgekehrt proportional zur Dicke der Schicht, bei Lokalisierung nimmt er exponentiell mit der Schichtdicke ab. Die Anderson-Lokalisierung ist eine Folge der kohärenten Überlagerung von vielen Teilwellen, die durch Streuung an den Inhomogenitäten des Mediums entstehen.

Die vorliegenden „Grundlagen zur Berechnung von Energiedichten und Intensitäten" sind in mannigfacher Weise nutzbar. Zum einen gelangt man durch die energiebezogene Betrachtungsweise zu einem tieferen Verständnis akustischer Vorgänge in festen Körpern. Zum andern können diese Grundlagen als Ausgangspunkt für die Berechnung von Strukturen dienen, die hier nicht oder nur qualitativ behandelt wurden. Von besonderer Bedeutung ist der theoretische Hintergrund für die Entwicklung von Meßverfahren, mit denen Körperschallenergiedichten und -intensitäten experimentell erfaßt werden sollen. Bestehende Verfahren können überprüft und verbessert werden; verläßliche neue Verfahren bedürfen bei ihrer Ausarbeitung der begleitenden Rechnung. Dies hängt vor allem damit zusammen, daß das Schallfeld im Innern des Festkörpers nur der Rechnung, nicht aber der Messung zugänglich ist. Schließlich kommen die theoretischen Grundlagen der Interpretation von Meßergebnissen zugute. Eine gründliche Kenntnis der im Einzelfall möglichen akustischen Phänomene kann Fehlinterpretationen vermeiden helfen, z.B. wenn es darum geht, einen exponentiellen Amplitudenabfall der Materialdämpfung oder dem Lokalisierungseffekt zuzuschreiben.

Der allgemein als nützlich empfundenen Idee einer „Körperschall-Energieanalyse" steht eine eher zögerliche Anwendung in der Praxis gegenüber, weil etwa Meßverfahren noch umständlich, Auswertungen mit Unsicherheiten behaftet sind. Zweifelsohne sind für eine Umsetzung dieser Idee noch manche theoretische und experimentelle Aufgaben zu lösen, bevor sich die praktische Anwendung auf breiter Basis durchsetzt. Eine überzeugende Weiterentwicklung der bereits bewährten Methode zur Lokalisierung von Schallquellen mit Hilfe von Körperschallintensitätsmessungen könnte dafür den Weg bereiten.

Anhang A

Schwingendes Kompressionszentrum

In den Anhängen A und B werden folgende Bezeichnungen verwendet:

r, ϑ, φ: Kugelkoordinaten des Ortsvektors $\vec{r}$

$\vec{e}_r, \vec{e}_\vartheta, \vec{e}_\varphi$: Einheitsvektoren in den Koordinatenrichtungen

$\sigma_{ij}, \varepsilon_{ij}$: Tensorkomponenten von Spannung und Verzerrung bezüglich der orthonormalen Basis $\vec{e}_r, \vec{e}_\vartheta, \vec{e}_\varphi$

ρ: Massendichte

λ, μ: Lamésche Konstanten

σ: Poisson-Zahl

c_l, c_t: Geschwindigkeiten von Longitudinal- bzw. Transversalwellen im unendlich ausgedehnten, elastisch isotropen Medium

$$\alpha^2 = \frac{c_t^2}{c_l^2} = \frac{\mu}{\lambda + 2\mu} = \frac{1 - 2\sigma}{2 - 2\sigma}$$

ω: Kreisfrequenz

$k_l = \omega/c_l$, $k_t = \omega/c_t$: Wellenzahlen

A: Amplitude (reell oder komplex)

$\mathrm{Sp}(\underline{T})$: Spur des Tensors $\underline{T}$

Das Verschiebungsfeld eines schwingenden Kompressionszentrums [2.27, S. 15–22; 2.6, S. 129–135],

$$\vec{u}(\vec{r},t) \;=\; U_0\vec{e}_r\left\{\frac{1}{\left(k_l r\right)^2} - \frac{i}{k_l r}\right\}, \qquad r \geq R > 0,$$

$$U_0 \;=\; \frac{A k_l^2 e^{-i\omega\left(t-\frac{r}{c_l}\right)}}{4\pi\rho c_l^2}, \tag{A.1}$$

beschreibt die Schwingungen eines homogenen, elastisch isotropen Mediums bei Anregung durch eine am Koordinatenursprung befindliche Hohlkugel, deren Radius R sich periodisch mit der Frequenz ω ändert. Die nicht verschwindenden Komponenten des Verzerrungstensors sind:

$$\varepsilon_{rr} \;=\; -U_0 k_l\left\{\frac{2}{\left(k_l r\right)^3} - \frac{2i}{\left(k_l r\right)^2} - \frac{1}{k_l r}\right\},$$

$$\varepsilon_{\vartheta\vartheta} \;=\; \varepsilon_{\varphi\varphi} \;=\; +U_0 k_l\left\{\frac{1}{\left(k_l r\right)^3} - \frac{i}{\left(k_l r\right)^2}\right\},$$

$$\mathrm{Sp}(\underline{\varepsilon}) \;=\; \frac{U_0}{r}, \tag{A.2}$$

woraus sich für die nicht verschwindenden Spannungskomponenten

$$\sigma_{rr} \;=\; -\rho c_l^2 U_0 k_l\left\{4\alpha^2\left[\frac{1}{\left(k_l r\right)^3} - \frac{i}{\left(k_l r\right)^2}\right] - \frac{1}{k_l r}\right\},$$

$$\sigma_{\vartheta\vartheta} \;=\; \sigma_{\varphi\varphi} \;=\; +\rho c_l^2 U_0 k_l\left\{2\alpha^2\left[\frac{1}{\left(k_l r\right)^3} - \frac{i}{\left(k_l r\right)^2}\right] + \frac{1-2\alpha^2}{k_l r}\right\} \tag{A.3}$$

und

$$\nabla \cdot \underline{\sigma} = -\rho c_l^2 U_0 k_l^2 \vec{e}_r \left\{ \frac{1}{(k_l r)^2} - \frac{i}{k_l r} \right\} \tag{A.4}$$

ergibt. Für Wirk- und Blindintensität erhält man

$$\vec{I} = I_0 \frac{\vec{e}_r}{(k_l r)^2}, \qquad I_0 = \frac{1}{2} \omega \rho c_l^2 k_l |U_0|^2 = \frac{|A|^2 k_l^6}{32\pi^2 \rho c_l} \tag{A.5}$$

$$\nabla \cdot \vec{I} = 0, \qquad\qquad \nabla \times \vec{I} = 0, \tag{A.6}$$

$$\vec{Q} = I_0 \vec{e}_r \left\{ \frac{4\alpha^2}{(k_l r)^5} - \frac{1 - 4\alpha^2}{(k_l r)^3} \right\}, \tag{A.7}$$

$$\nabla \cdot \vec{Q} = -I_0 k_l \left\{ \frac{12\alpha^2}{(k_l r)^6} - \frac{1 - 4\alpha^2}{(k_l r)^4} \right\}, \qquad \nabla \times \vec{Q} = 0, \tag{A.8}$$

für die zeitlichen Mittelwerte von kinetischer und potentieller Energiedichte

$$w_{kin} = \frac{I_0}{2c_l} \left\{ \frac{1}{(k_l r)^4} + \frac{1}{(k_l r)^2} \right\}, \tag{A.9}$$

$$w_{pot} = \frac{I_0}{2c_l} \left\{ \frac{12\alpha^2}{(k_l r)^6} + \frac{4\alpha^2}{(k_l r)^4} + \frac{1}{(k_l r)^2} \right\} \tag{A.10}$$

und für die zeitlich gemittelte Lagrange-Dichte

$$\langle L \rangle_t = -\frac{I_0}{2c_l} \left\{ \frac{12\alpha^2}{(k_l r)^6} - \frac{1 - 4\alpha^2}{(k_l r)^4} \right\}. \tag{A.11}$$

Die Energieausbreitungsgeschwindigkeit

$$\vec{c}_e = \frac{\vec{I}}{w} = \frac{c_l \vec{e}_r}{1 + \dfrac{1 + 4\alpha^2}{2(k_l r)^2} + \dfrac{6\alpha^2}{(k_l r)^4}} \tag{A.12}$$

ist im Gegensatz zu einer ebenen Welle ortsabhängig, auch in Luft (d.h. bei $\alpha^2 = 0$). Die zeitabhängige Energiestromdichte („Kirchhoff-Vektor")

$$\vec{S}(\vec{r}, t) = \vec{I} + I_0 \vec{e}_r \left\{ \left[-\frac{8\alpha^2}{(k_l r)^4} + \frac{1}{(k_l r)^2} \right] \cos \left[2\omega \left(t - \frac{r}{c_l} \right) \right] \right.$$

$$\left. + \left[-\frac{4\alpha^2}{(k_l r)^5} + \frac{1 + 4\alpha^2}{(k_l r)^3} \right] \sin \left[2\omega \left(t - \frac{r}{c_l} \right) \right] \right\}, \tag{A.13}$$

die sich unter der Annahme einer reellen Amplitude A ergibt, läßt sich mit wenigen Zeilen Rechnung in die Form der Gl. (2.3.12a) bringen, wobei der Index i die Kugelkoordinaten durchläuft und nur die r-Komponente von null verschieden ist.

Anhang B

Schwingendes Rotationszentrum (Bezeichnungen siehe Anhang A)

Das Verschiebungsfeld eines schwingenden Rotationszentrums [2.27, S. 16–22 mit Druckfehlern!; 2.6, S. 160–161; 2.9, S. 68–70],

$$\vec{u}(\vec{r},t) \;=\; U_0 \sin\vartheta\, \vec{e}_\varphi \left\{ \frac{1}{(k_t r)^2} - \frac{i}{k_t r} \right\}, \qquad r \geq R > 0$$

$$U_0 = \frac{A k_t^2 e^{-i\omega\left(t-\frac{r}{c_t}\right)}}{4\pi\rho c_t^2},$$

$$(B.1)$$

entsteht durch Drehschwingungen einer starren Kugel vom Radius R, die sich am Koordinatenursprung befindet und mit dem umgebenden homogenen, elastisch isotropen Medium fest verbunden ist. Drehachse ist die z-Achse ($\vartheta = 0°$; Radius R bleibt konstant!). Die nicht verschwindenden Komponenten des Verzerrungstensors sind:

$$\varepsilon_{r\varphi} = \varepsilon_{\varphi r} = -\frac{1}{2} U_0 k_t \sin\vartheta \left\{ \frac{3}{(k_t r)^3} - \frac{3i}{(k_t r)^2} - \frac{1}{k_t r} \right\}, \quad \mathrm{Sp}(\underline{\varepsilon}) = 0 \quad (B.2)$$

woraus sich für die nicht verschwindenden Spannungskomponenten

$$\sigma_{r\varphi} = \sigma_{\varphi r} = -\rho c_t^2 U_0 k_t \sin\vartheta \left\{ \frac{3}{(k_t r)^3} - \frac{3i}{(k_t r)^2} - \frac{1}{k_t r} \right\} \qquad (B.3)$$

und

$$\nabla \cdot \underline{\sigma} = -\rho c_t^2 U_0 k_t^2 \sin\vartheta\, \vec{e}_\varphi \left\{ \frac{1}{(k_t r)^2} - \frac{i}{k_t r} \right\} \qquad (B.4)$$

ergibt. Für Wirk- und Blindintensität (Abb.B.1) erhält man

$$\vec{I} \quad = \quad I_0 \frac{\sin^2 \vartheta \, \vec{e}_r}{(k_t r)^2}, \qquad\qquad I_0 = \frac{1}{2} \omega \rho c_t^2 k_t |U_0|^2 = \frac{|A|^2 k_t^6}{32\pi^2 \rho c_t}, \qquad (B.5)$$

$$\nabla \cdot \vec{I} = 0, \qquad\qquad \nabla \times \vec{I} = -I_0 k_t \frac{\sin(2\vartheta) \, \vec{e}_\varphi}{(k_t r)^3}, \qquad (B.6)$$

$$\vec{Q} \quad = \quad I_0 \sin^2 \vartheta \, \vec{e}_r \left\{ \frac{3}{(k_t r)^5} + \frac{2}{(k_t r)^3} \right\}, \qquad (B.7)$$

$$\nabla \cdot \vec{Q} \quad = \quad -I_0 k_t \sin^2 \vartheta \left\{ \frac{9}{(k_t r)^6} - \frac{2}{(k_t r)^4} \right\},$$

$$\qquad\qquad (B.8)$$

$$\nabla \times \vec{Q} \quad = \quad -I_0 k_t \sin^2 (2\vartheta) \, \vec{e}_\varphi \left\{ \frac{3}{(k_t r)^6} - \frac{2}{(k_t r)^4} \right\},$$

für die zeitlichen Mittelwerte von kinetischer und potentieller Energiedichte

$$w_{kin} \quad = \quad \frac{I_0 \sin^2 \vartheta}{2c_t} \left\{ \frac{1}{(k_t r)^4} + \frac{1}{(k_t r)^2} \right\}, \qquad (B.9)$$

$$w_{pot} \quad = \quad \frac{I_0 \sin^2 \vartheta}{2c_t} \left\{ \frac{9}{(k_t r)^6} + \frac{3}{(k_t r)^4} + \frac{1}{(k_t r)^2} \right\} \qquad (B.10)$$

und für die zeitlich gemittelte Lagrange-Dichte

$$\langle L \rangle_t \quad = \quad -\frac{I_0 \sin^2 \vartheta}{2c_t} \left\{ \frac{9}{(k_t r)^6} - \frac{2}{(k_t r)^4} \right\}. \qquad (B.11)$$

y = 0   **y = 0**

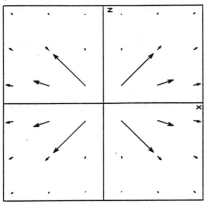   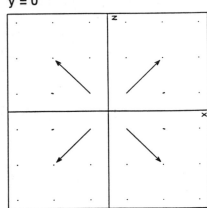

$$\vec{I} \sim \frac{\sin^2 \vartheta}{\left(k_t r\right)^2}$$

$$\vec{Q} \sim \left[\frac{3}{\left(k_t r\right)^5} + \frac{2}{\left(k_t r\right)^3}\right]\sin^2 \vartheta\, \vec{e}_r$$

y = 0   **z = 1**

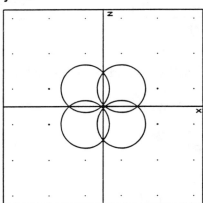   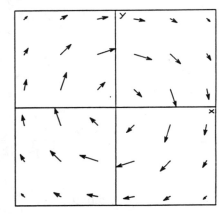

$$\nabla \cdot \vec{Q} \sim \left[\frac{9}{\left(k_t r\right)^6} + \frac{2}{\left(k_t r\right)^4}\right]\sin^2 \vartheta \qquad \nabla \times \vec{Q} \sim -\left[\frac{3}{\left(k_t r\right)^6} + \frac{2}{\left(k_t r\right)^4}\right]\sin(2\vartheta)\, \vec{e}_\varphi$$

Abb. B.1:   Schwingendes Rotationszentrum. $\vec{I}$: Wirkintensität, $\vec{Q}$: Blindintensität.
              Die Darstellungsmaßstäbe der vier Diagramme sind willkürlich und
              unterschiedlich gewählt. Die Radien der Kreise sind proportional zu
              $\nabla \cdot \vec{Q}$.

Die Energieausbreitungsgeschwindigkeit

$$\vec{c}_e = \frac{\vec{I}}{w} = \frac{c_t \vec{e}_r}{1 + \dfrac{2}{(k_t r)^2} + \dfrac{9}{2(k_t r)^4}} \qquad (B.12)$$

ist im Gegensatz zu einer ebenen Welle ortsabhängig. Die zeitabhängige Energiestromdichte („Kirchhoff-Vektor")

$$\vec{S}(\vec{r},t) = \vec{I} + I_0 \sin^2 \vartheta\, \vec{e}_r \left\{ \left[-\frac{6}{(k_t r)^4} + \frac{1}{(k_t r)^2} \right] \cos\left[2\omega\left(t - \frac{r}{c_t} \right) \right] \right.$$

$$\left. + \left[\frac{3}{(k_t r)^5} - \frac{4}{(k_t r)^3} \right] \sin\left[2\omega\left(t - \frac{r}{c_t} \right) \right] \right\}, \qquad (B.13)$$

die sich unter der Annahme einer reellen Amplitude A ergibt, läßt sich mit wenigen Zeilen Rechnung in die Form der Gl. (2.3.12a) bringen, wobei der Index i die Kugelkoordinaten durchläuft und nur die r-Komponente von null verschieden ist.

Anhang C

Elementarer Beweis des Rayleighschen Prinzips für Blochwellen in einem elastischen Medium (Bezeichnungen wie in Kapitel 2)

Der erste Teil des Beweises verläuft wie bei der Herleitung des Virialsatzes in der Klassischen Mechanik [C.1, S. 76–78]. Man betrachte die Hilfsgröße

$$g = \rho \dot{\vec{u}} \cdot \vec{u} \tag{C.1}$$

mit der zeitlichen Ableitung

$$\dot{g} = \rho \ddot{\vec{u}} \cdot \vec{u} + \rho \dot{\vec{u}} \cdot \dot{\vec{u}}, \tag{C.2}$$

die mit Hilfe der Bewegungsgleichung

$$\rho \ddot{\vec{u}} = \nabla \cdot \underline{\sigma} \tag{C.3}$$

als

$$\dot{g} = \left(\nabla \cdot \underline{\sigma} \right) \cdot \vec{u} + 2 e_{kin} \tag{C.4}$$

geschrieben werden kann. Bei zeitlich periodischen Vorgängen mit der Periode T nimmt die Hilfsgröße g nach der Zeit T wieder den gleichen Wert an:

$$g(t + T) - g(t) = \int_{t}^{t+T} \dot{g} \, dt = 0. \tag{C.5}$$

Daraus folgt für den zeitlichen Mittelwert der kinetischen Energiedichte

$$w_{kin} = \langle e_{kin} \rangle_{t} = -\frac{1}{2} \langle \left(\nabla \cdot \underline{\sigma} \right) \cdot \vec{u} \rangle_{t}. \tag{C.6}$$

Die rechte Seite dieser Gleichung entspricht dem Clausiusschen Virial.

Im nächsten Schritt benutzen wir das verallgemeinerte Hookesche Gesetz (2.1.2) mit $\underline{\varepsilon} = [\nabla u]_s$

$$\underline{\sigma} = \underline{\underline{C}} \cdot \cdot \underline{\varepsilon} \tag{C.7}$$

sowie

$$e_{pot} = \frac{1}{2}\underline{\sigma} \cdot \cdot \underline{\varepsilon} = \frac{1}{2}\underline{\varepsilon} \cdot \cdot \underline{\underline{C}} \cdot \cdot \underline{\varepsilon}. \tag{C.8}$$

Im folgenden wird die Schreibweise mit Indizes verwendet, wobei wie in der Tensoranalysis üblich über doppelt vorkommende Indizes summiert wird und ein Index nach einem Komma die Differentiation nach der entsprechenden Komponente des Ortsvektors bedeutet. Aus (C.6) wird damit

$$w_{kin} = -\frac{1}{2}\left\langle \sigma_{ij,i}u_j \right\rangle_t = -\frac{1}{2}\left\langle \left(C_{ijkl}\varepsilon_{kl}\right)_{,i}u_j \right\rangle_t. \tag{C.9}$$

Wegen $C_{ijkl} = C_{ijlk}$ [2.9] gilt

$$
\begin{aligned}
w_{kin} &= -\frac{1}{2}\left\langle \left(C_{ijkl}u_{l,k}\right)_{,i}u_j \right\rangle_t \\[2mm]
&= \frac{1}{2}\left\langle C_{ijkl,i}u_{l,k}u_j + C_{ijkl}u_{l,ik}u_j \right\rangle_t.
\end{aligned}
\tag{C.10}
$$

Dies ist zu vergleichen mit $(C_{ijkl} = C_{jikl})$

$$w_{pot} = +\frac{1}{2}\left\langle C_{ijkl}u_{l,k}u_{j,i} \right\rangle_t. \tag{C.11}$$

Für das Verschiebungsfeld wird eine Blochwelle angesetzt:

$$\vec{u}(\vec{r},t) = \vec{p}(\vec{r})\exp\left[i\left(\vec{k}\cdot\vec{r} - \omega t\right)\right] = \vec{p}(\vec{r})\psi(\vec{r},t). \tag{C.12}$$

Nach diesem Übergang zur komplexen Darstellung können obige Gleichungen nach zeitlicher Mittelwertbildung (ω reell) durch

$$w_{kin} \;=\; -\frac{1}{4}\,\mathrm{Re}\left\{C_{ijkl,i}u_{l,k}u_j^* + C_{ijkl}u_{l,ik}u_j^*\right\} \tag{C.13}$$

und

$$w_{pot} \;=\; +\frac{1}{4}\,\mathrm{Re}\left\{C_{ijkl}u_{l,k}u_{j,i}^*\right\} \tag{C.14}$$

ersetzt werden. Die Ableitungen des Verschiebungsfeldes ergeben sich zu

$$u_{l,k} \;=\; \left(p_{l,k} + \mathrm{i}k_k p_l\right)\psi,$$

$$u_{l,ik} \;=\; \left(p_{l,ik} + \mathrm{i}\left[k_k p_{l,i} + k_i p_{l,k}\right] - k_k k_i p_l\right)\psi. \tag{C.15}$$

Bei reellem $\vec{k}$ ist $|\psi|^2 = 1$, und man erhält

$$w_{kin} \;=\; \frac{1}{4}\,\mathrm{Re}\Big\{C_{ijkl,i}\left(p_{l,k} + \mathrm{i}k_k p_l\right)p_j^*$$

$$+C_{ijkl}\left(p_{l,ki} + \mathrm{i}\left[k_i p_{l,k} + k_k p_{l,i}\right] - k_i k_k p_l\right)p_j^*\Big\}, \tag{C.16}$$

$$w_{pot} \;=\; \frac{1}{4}\,\mathrm{Re}\Big\{C_{ijkl}\left(p_{l,k}p_{j,i}^* + \mathrm{i}\left[k_k p_l p_{j,i}^* - k_i p_{l,k}p_j^*\right]\right.$$

$$\left.+k_i k_k p_l p_j^*\right)\Big\}. \tag{C.17}$$

Bildet man die Differenz beider Gleichungen, reduziert sich die Anzahl der Terme um vier:

$$w_{pot} - w_{kin} \;=\; \frac{1}{4}\,\mathrm{Re}\Big\{C_{ijkl,i}\left(p_{l,k} + \mathrm{i}k_k p_l\right)p_j^*$$

$$+C_{ijkl}\left(p_{l,ki}p_j^* + p_{l,k}p_{j,i}^* + \mathrm{i}k_k\left[p_{l,i}p_j^* + p_l p_{j,i}^*\right]\right)\Big\}. \tag{C.18}$$

Im letzten Schritt nehmen wir eine Fourier-Zerlegung der räumlich periodischen Funktionen $\underline{\underline{C}}$ und $\vec{p}$ vor:

$$C_{ijkl}(\vec{r}) \;=\; \sum_\lambda C_{ijkl}^{(\lambda)} \exp\!\left[i\vec{G}_\lambda \cdot \vec{r}\right],$$

$$p_i(\vec{r}) \;=\; \sum_\mu p_i^{(\mu)} \exp\!\left[i\vec{G}_\mu \cdot \vec{r}\right]. \tag{C.19}$$

Die Summen erstrecken sich über sämtliche Punkte des reziproken Gitters. Die Differentiationen in (C.18) lassen sich nun explizit ausführen:

$$w_{pot} - w_{kin} \;=\; \frac{1}{4}\,\mathrm{Re}\sum_{\lambda,\mu,\nu} C_{ijkl}^{(\lambda)} p_l^{(\mu)} p_j^{(\nu)*}$$

$$\left\{ -G_i^{(\lambda)}G_k^{(\mu)} - G_i^{(\lambda)}k_k - G_k^{(\mu)}G_i^{(\mu)} + G_k^{(\mu)}G_i^{(\nu)} \right. \tag{C.20}$$

$$\left. -k_k G_i^{(\mu)} + k_k G_i^{(\nu)} \right\} \exp\!\left[i\!\left(\vec{G}^{(\lambda)} + \vec{G}^{(\mu)} - \vec{G}^{(\nu)}\right)\cdot\vec{r}\right].$$

(Ausführlich geschrieben stünden auf der rechten Seite dieser Gleichung für den Fall eines dreidimensionalen Mediums 14 Summationszeichen: 4 Summen über die kartesischen Indizes (i,j,k,l), 3×3 Summen übers reziproke Gitter und eine Summe für das Skalarprodukt im Exponentialfaktor!) Diese lokale Differenz der zeitlichen Mittelwerte von potentieller und kinetischer Energiedichte kann durchaus von null verschieden sein; sie verschwindet erst im räumlichen Mittel. Um dies zu zeigen, integrieren wir die Differenz über eine Einheitszelle der periodischen Struktur. Zum Integral tragen nur solche Terme bei, für die

$$\vec{G}^{(\lambda)} + \vec{G}^{(\mu)} - \vec{G}^{(\nu)} = 0 \tag{C.21}$$

gilt (d.h. $\lambda = \nu - \mu$). Wegen $\vec{G}^{(\nu-\mu)} = \vec{G}^{(\nu)} - \vec{G}^{(\mu)}$ wird die geschweifte Klammer in (C.20) zu

$$\left\{ -G_i^{(\nu)}G_k^{(\mu)} + G_i^{(\mu)}G_k^{(\mu)} - G_i^{(\nu)}k_k + G_i^{(\mu)}k_k \right.$$

$$\left. -G_k^{(\mu)}G_i^{(\mu)} + G_k^{(\mu)}G_i^{(\nu)} - k_k G_i^{(\mu)} + k_k G_i^{(\nu)} \right\} = 0. \tag{C.22}$$

Damit ist bewiesen, daß

$$\langle w_{pot} \rangle = \langle w_{kin} \rangle, \tag{C.23}$$

falls das Verschiebungsfeld aus einer einzigen Blochwelle (C.12) besteht.

Anhang D

Komplexe symmetrische Matrizen

Im Gegensatz zu reellen symmetrischen und komplexen hermitischen Matrizen tritt der Fall komplexer symmetrischer Matrizen seltener auf und ist daher weniger geläufig. Wenn wie üblich symmetrische Verzerrungs- und Spannungstensoren betrachtet werden, begegnet man diesem Fall beim Übergang zur komplexen Darstellung von monofrequenten Zeitabhängigkeiten. Die Symmetriebedingung fordert beispielsweise für die in Abschnitt 2.2 eingeführte komplexe Tensoramplitude $\underline{\Sigma}$ der Spannungen

$$\left|\Sigma_{ij}\right| = \left|\Sigma_{ji}\right|, \qquad\qquad \varphi_{ij} = \arg\left\{\Sigma_{ij}\right\} = \varphi_{ji}, \qquad\qquad \text{(D.1)}$$

d.h. $\underline{\Sigma}$ ist symmetrisch und in der Regel komplex. An der allgemeinen symmetrischen 2 × 2-Matrix

$$\underline{M} = \begin{pmatrix} a & b \\ b & c \end{pmatrix} \qquad\qquad \text{(D.2)}$$

soll beispielhaft vorgeführt werden, daß Eigenwerte und Eigenvektoren komplexer symmetrischer Matrizen i.a. komplex sind und daß aus den Eigenvektoren nicht immer eine vollständige Orthonormalbasis gebildet werden kann. Der Fall $b = 0$ ist schnell erledigt: a und c sind die Eigenwerte, die komplex sein können, während die Eigenvektoren reell gewählt werden können als

$$\vec{\eta}_1 = \begin{pmatrix} 1 \\ 0 \end{pmatrix}, \qquad\qquad \vec{\eta}_2 = \begin{pmatrix} 0 \\ 1 \end{pmatrix} \qquad\qquad \text{(D.3)}$$

und so ein vollständiges Orthonormalsystem bilden. Für $b \neq 0$ findet man die Eigenwerte

$$\lambda_{1/2} = \frac{1}{2}\left[a + c \pm \sqrt{(a-c)^2 + 4b^2} \right]. \qquad\qquad \text{(D.4)}$$

Aus der Eigenwertgleichung

$$\begin{pmatrix} a & b \\ b & c \end{pmatrix} \begin{pmatrix} x \\ y \end{pmatrix} = \lambda \begin{pmatrix} x \\ y \end{pmatrix} \tag{D.5}$$

folgt die Beziehung

$$y = \frac{1}{b}(\lambda - a)x \tag{D.6}$$

zwischen den beiden Komponenten eines Eigenvektors. Falls keine Normierung verlangt wird, kann ein Eigenvektor als

$$\vec{\eta} = \begin{pmatrix} b \\ \lambda - a \end{pmatrix} \tag{D.7}$$

dargestellt werden. Als konkretes Beispiel mit komplexen Eigenwerten diene

$$\underline{M} = \begin{pmatrix} i & 1 \\ 1 & 0 \end{pmatrix}, \qquad \lambda_{1/2} = \frac{1}{2}\left[i \pm \sqrt{3}\right],$$

$$\vec{\eta}_1 = \begin{pmatrix} 1 \\ \frac{1}{2}(-i + \sqrt{3}) \end{pmatrix}, \qquad \vec{\eta}_2 = \begin{pmatrix} 1 \\ \frac{1}{2}(-i - \sqrt{3}) \end{pmatrix}. \tag{D.8}$$

Die Eigenvektoren sind wesentlich komplex, d.h. sie können nicht durch Multiplikation mit einer komplexen Zahl reell gemacht werden. Es gilt

$$\vec{\eta}_1 \cdot \vec{\eta}_2 = 0, \tag{D.9}$$

jedoch ist

$$\vec{\eta}_1 \cdot \vec{\eta}_2^* = \frac{1}{2}\left(1 + i\sqrt{3}\right) \neq 0. \tag{D.10}$$

Die beiden Eigenvektoren bilden eine vollständige Basis. Die Zerlegung der Einheitsvektoren in x- und y-Richtung lautet:

$$\begin{pmatrix} 1 \\ 0 \end{pmatrix} = \frac{1}{2\sqrt{3}}\left[\left(\sqrt{3}+i\right)\vec{\eta}_1 + \left(\sqrt{3}-i\right)\vec{\eta}_2 \right],$$

$$\begin{pmatrix} 0 \\ 1 \end{pmatrix} = \frac{1}{\sqrt{3}}\left[\vec{\eta}_1 - \vec{\eta}_2 \right].$$

(D.11)

Wählt man $b \neq 0$ so, daß beide Eigenwerte zusammenfallen,

$$b = \pm\frac{i}{2}(a-c),$$

(D.12)

folgt fürs obere Vorzeichen

$$\lambda_1 = \lambda_2 = \frac{1}{2}(a+c), \qquad \vec{\eta}_1 = \vec{\eta}_2 = \begin{pmatrix} 1 \\ i \end{pmatrix}.$$

(D.13)

Beide Eigenvektoren fallen zusammen: Die Basis aus den Eigenvektoren ist unvollständig. Am Beispiel

$$\underline{M} = \begin{pmatrix} 2i & -1 \\ -1 & 0 \end{pmatrix}, \qquad \lambda_1 = \lambda_2 = i$$

(D.14)

kann studiert werden, wie Vektoren, die keine Eigenvektoren sind, durch die Matrix $\underline{M}$ gedreht werden:

$$\underline{M} \cdot \begin{pmatrix} 1 \\ 0 \end{pmatrix} = \begin{pmatrix} 2i \\ -1 \end{pmatrix}, \qquad \underline{M} \cdot \begin{pmatrix} 0 \\ 1 \end{pmatrix} = \begin{pmatrix} -1 \\ 0 \end{pmatrix}.$$

(D.15)

Der Vektor $(1,i)$ ist übrigens zu sich selbst orthogonal! (Vektoren mit komplexen Komponenten nennt man gelegentlich Bivektoren [Z.15, Appendix A]. Ist ein Bivektor zu sich selbst orthogonal, wird er als isotrop bezeichnet. Weitere Definitionen und Beziehungen im angegebenen Zitat.)

Als hinreichende Bedingung für eine vollständige Basis aus Eigenvektoren wird genannt [D.1, S. 17; D.2, S. 336], daß die Matrix normal
sein muß, d.h. mit ihrem Hermitisch-konjugierten vertauscht:

$$\underline{M} \cdot \underline{M}^+ = \underline{M}^+ \cdot \underline{M}. \tag{D.16}$$

Bei einer symmetrischen Matrix ist dies gleichbedeutend mit

$$\underline{M} \cdot \underline{M}^* = \underline{M}^* \cdot \underline{M}. \tag{D.17}$$

Diese Bedingung ist aber nicht notwendig, wie das Beispiel (D.8) be-
weist,

$$\underline{M} \cdot \underline{M}^* = \begin{pmatrix} 2 & i \\ -i & 1 \end{pmatrix} \neq \begin{pmatrix} 2 & -i \\ i & 1 \end{pmatrix} = \underline{M}^* \cdot \underline{M}, \tag{D.18}$$

das auch zur Erinnerung dienen möge, daß das Produkt zweier symmetrischer Matrizen nicht symmetrisch sein muß. Die Vollständigkeit
der Basis aus Eigenvektoren ist auch dann gewährleistet, wenn alle
Eigenwerte verschieden sind [D.1, S. 7; D.2, S. 338].
    Ein lehrreiches dreidimensionales Beispiel stellt der Spannungs-
tensor (2.3.9) der zirkular polarisierten Scherwelle dar. Die Eigenwerte
der Matrix

$$\underline{N} = \begin{pmatrix} 0 & 0 & -1 \\ 0 & 0 & -i \\ -1 & -i & 0 \end{pmatrix}, \quad \lambda_1 = \lambda_2 = \lambda_3 = 0, \quad \vec{\eta} = \begin{pmatrix} 1 \\ i \\ 0 \end{pmatrix}, \tag{D.19}$$

sind alle null, und es gibt nur einen Eigenvektor (parallel zur Schnelle-
amplitude). Spaltet man die Matrix entsprechend einer Überlagerung
linear polarisierter Scherwellen auf

$$\underline{N} = \underline{N}_1 + \underline{N}_2 = \begin{pmatrix} 0 & 0 & -1 \\ 0 & 0 & 0 \\ -1 & 0 & 0 \end{pmatrix} + \begin{pmatrix} 0 & 0 & 0 \\ 0 & 0 & -i \\ 0 & -i & 0 \end{pmatrix}, \tag{D.20}$$

findet man als Eigenwerte und -vektoren der Teilwellen:

$$\underline{N}_1 : \quad \lambda_1 = 0, \qquad \lambda_2 = 1, \qquad \lambda_3 = -1.$$

$$\vec{\eta}_1 = \begin{pmatrix} 0 \\ 1 \\ 0 \end{pmatrix}, \qquad \vec{\eta}_2 = \begin{pmatrix} 1 \\ 0 \\ -1 \end{pmatrix}, \qquad \vec{\eta}_3 = \begin{pmatrix} 1 \\ 0 \\ 1 \end{pmatrix}.$$

$$\underline{N}_2 : \quad \lambda_4 = 0, \qquad \lambda_5 = i, \qquad \lambda_6 = -i.$$

$$(D.21)$$

$$\vec{\eta}_4 = \begin{pmatrix} 1 \\ 0 \\ 0 \end{pmatrix}, \qquad \vec{\eta}_5 = \begin{pmatrix} 0 \\ 1 \\ -1 \end{pmatrix}, \qquad \vec{\eta}_6 = \begin{pmatrix} 0 \\ 1 \\ 1 \end{pmatrix}.$$

Die Eigenwerte sind jeweils verschieden, die zugehörigen Sätze von Eigenvektoren deshalb orthogonal und vollständig. Damit kann nach Normierung der Eigenvektoren die Darstellung

$$\underline{N}_1 = \sum_{j=1}^{3} \lambda_j \vec{\eta}_j \vec{\eta}_j, \qquad \underline{N}_2 = \sum_{j=4}^{6} \lambda_j \vec{\eta}_j \vec{\eta}_j \qquad (D.22)$$

benutzt werden, die für die Summe dieser Matrizen wegen des defekten Satzes von Eigenvektoren nicht möglich ist. Stattdessen könnte man

$$\underline{N} = \sum_{j=1}^{6} \lambda_j \vec{\eta}_j \vec{\eta}_j \qquad (D.23)$$

schreiben. Diese Darstellung hat aber gegenüber der elementaren Darstellung

$$\underline{N} = \sum_{j=1}^{6} \alpha_j \underline{t}_j, \quad \alpha_1 = \alpha_2 = \alpha_3 = \alpha_4 = 0, \quad \alpha_5 = -1, \quad \alpha_6 = -i,$$

$$\underline{t}_1 = \vec{e}_1 \vec{e}_2, \qquad \underline{t}_2 = \vec{e}_2 \vec{e}_2, \qquad \underline{t}_3 = \vec{e}_3 \vec{e}_3, \qquad \text{(D.24)}$$

$$\underline{t}_4 = \vec{e}_1 \vec{e}_2 + \vec{e}_2 \vec{e}_1 \qquad \underline{t}_5 = \vec{e}_1 \vec{e}_3 + \vec{e}_3 \vec{e}_1 \qquad \underline{t}_6 = \vec{e}_2 \vec{e}_3 + \vec{e}_3 \vec{e}_2$$

mit symmetrischen Basistensoren, die nur zwei von null verschiedene Terme aufweist, wohl kaum noch Vorteile ($\vec{e}_i$: kartesische Einheitsvektoren).

Anhang E

Symmetriebeziehungen bei Umkehr der Ausbreitungsrichtung

Aus der Fourier-Transformierten (5.1.12) der Bewegungsgleichung für lokal isotrope, periodische Medien entnimmt man

$$\underline{V}_{ln}(-\vec{k}) = \underline{V}^{*}_{\bar{l}\bar{n}}(\vec{k}). \tag{E.1}$$

(Ein Minuszeichen vor einem Index wird hier über dem Index geschrieben, um Verwechslungen mit Differenzen von Indizes zu vermeiden. Die Materialeigenschaften ρ, λ, μ sowie ω und $\vec{k}$ seien als reell vorausgesetzt.) Aus jener Gl. (5.1.12)

$$\sum_{n} \left\{ \omega^{2}(\vec{k})\rho_{l-n} - \underline{V}_{ln}(\vec{k}) \cdot \right\} \vec{p}_{n}(\vec{k}) = 0 \tag{E.2}$$

entsteht die Gleichung für $-\vec{k}$,

$$\sum_{n} \left\{ \omega^{2}(-\vec{k})\rho_{l-n} - \underline{V}_{ln}(-\vec{k}) \cdot \right\} \vec{p}_{n}(-\vec{k}) = 0, \tag{E.3}$$

die mit (E.1) in

$$\sum_{n} \left\{ \omega^{2}(-\vec{k})\rho_{l-n} - \underline{V}^{*}_{\bar{l}\bar{n}}(\vec{k}) \cdot \right\} \vec{p}_{n}(-\vec{k}) = 0 \tag{E.4}$$

übergeht. Die Umbenennungen $l \rightarrow -l, n \rightarrow -n$ führen auf

$$\sum_{n} \left\{ \omega^{2}(-\vec{k})\rho_{n-l} - \underline{V}^{*}_{ln}(\vec{k}) \cdot \right\} \vec{p}_{\bar{n}}(-\vec{k}) = 0. \tag{E.5}$$

Bildung des Konjugiert-Komplexen ergibt

$$\sum_{n} \left\{ \omega^{2}(-\vec{k})\rho_{l-n} - \underline{V}_{ln}(\vec{k}) \cdot \right\} \vec{p}^{*}_{\bar{n}}(-\vec{k}) = 0. \tag{E.6}$$

Ein Vergleich von (E.6) mit (E.2) zeigt, daß beidesmal das gleiche Gleichungssystem vorliegt, lediglich mit verschiedenen Bezeichnungen für die gesuchten Eigenwerte und Eigenvektoren. Bei entsprechender Numerierung der Eigenwerte und gleicher Normierung der Eigenvektoren gilt deshalb

$$\vec{p}_n(-\vec{k}) \;=\; \vec{p}_{\bar{n}}^*(\vec{k}), \tag{E.7}$$

$$\omega^2(-\vec{k}) \;=\; \omega^2(\vec{k}). \tag{E.8}$$

Aus (E.7) folgt

$$\vec{p}_{-\vec{k}}(\vec{r}) = \vec{p}_{\vec{k}}^*(\vec{r}). \tag{E.9}$$

Dies bedeutet, daß der Realteil von $\vec{p}_{\vec{k}}(\vec{r})$ eine gerade Funktion von $\vec{k}$ ist, der Imaginärteil eine ungerade.

Literaturverzeichnis

[1.1]   G. Kirchhoff: Vorlesungen über mathematische Physik: Mechanik. Teubner, Leipzig 1877.

[1.2]   A. D. Pierce: Acoustics: An Introduction to Its Physical Principles and Applications. Acoustical Society of America, Woodbury, New York 1989.

[1.3]   J. D. Jackson: Classical Electrodynamics. Wiley, New York 1962.

[1.4]   F. J. Fahy: Sound Intensity. Elsevier Applied Science, London 1989.

[1.5]   D. U. Noiseux: Measurement of power flow in uniform beams and plates. J. Acoust. Soc. Am. 47 (1970) 238–247.

[1.6]   G. Pavić : Measurement of structure-borne wave intensity, Part I: Formulation of the methods. J. Sound Vib. 49 (1976) 221–230.

[1.7]   J. W. Verheij: Cross spectral density methods for measuring structure-borne power flow on beams and pipes. J. Sound Vib. 70 (1980) 133–139.

[1.8]   P. Rasmussen, G. Rasmussen: Intensity measurements in structures. Proc. 11th International Congress on Acoustics, Paris 1983, Vol. 6, p. 231–234.

[1.9]   G. Pavić : Structural surface intensity: An alternative approach in vibration analysis and diagnosis. J. Sound Vib. 115 (1987) 405–422.

[1.10] Proc. Recent Developments in Acoustic Intensity Measurements. Centre Technique des Industries Mécaniques, Senlis (Frankreich) 1981.

[1.11] Proc. 2nd Int. Congress on Acoustic Intensity; Measurement techniques and applications. Centre Technique des Industries Mécaniques, Senlis (Frankreich) 1985.

[1.12] Proc. 3rd Int. Congress on Intensity Techniques; Structural intensity and vibrational energy flow. Centre Technique des Industries Mécaniques, Senlis (Frankreich) 1990.

[1.13] P. Kruppa: Measurement of structural intensity in building constructions. Appl. Acoust. 19 (1986) 61–74.

[1.14] W. Maysenhölder, W. Schneider: Entwicklung eines Meßverfahrens zur Lokalisierung von Körperschallbrücken in mehrschaligen Wänden. Fraunhofer-Institut für Bauphysik – IBP – (Hrsg.). Stuttgart, 1987. (IBP-Bericht BS 166/87).

[1.15] W. Maysenhölder, W. Schneider: Sound bridge localization in buildings by structure-borne sound intensity measurements. Acustica 68 (1989) 258–262.

[1.16]   W. Maysenhölder: Körperschallausbreitung in Gebäuden –
         Untersuchungsmöglichkeiten mit einem Intensitätsmeßverfah-
         ren. Bauphysik 10 (1988) H.4, 117–120.
[1.17]   J. Mohr, W. Maysenhölder: Schallbrückenlokalisierung bei
         schwimmenden Estrichen. Fraunhofer-Institut für Bauphysik
         – IBP – (Hrsg.). Stuttgart: IRB-Vlg., 1988. (IBP-Mitteilung; 167).
[1.18]   J. E. Ffowcs Williams: Dear Editor, ... Acustica 72 (1990) 79.

[2.1]   A. Sommerfeld: Vorlesungen über Theoretische Physik, Band
         II: Mechanik der deformierbaren Medien. Bearbeitet und er-
         gänzt von E. Fues und E. Kröner. Nachdruck der 6. Auflage,
         Harri Deutsch, Thun 1978.
[2.2]   W. Weizel: Lehrbuch der theoretischen Physik, Band I. Sprin-
         ger-Verlag, Berlin 1965.
[2.3]   I. Malecki: Physical Foundations of Technical Acoustics. Per-
         gamon Press, Oxford 1969.
[2.4]   B. A. Auld: Acoustic Fields and Waves in Solids. 2 Vols. Wiley,
         New York 1973.
[2.5]   L. D. Landau, E. M. Lifschitz: Lehrbuch der Theoretischen Phy-
         sik, Band VII: Elastizitätstheorie. Akademie-Verlag, Berlin 1975.
[2.6]   J. D. Achenbach: Wave Propagation in Elastic Solids. North-
         Holland, Amsterdam 1984.
[2.7]   E. Becker, W. Bürger: Kontinuumsmechanik. Teubner, Stuttgart
         1975.
[2.8]   H. F. Pollard: Sound Waves in Solids. Pion Limited, London
         1977.
[2.9]   A. I. Beltzer: Acoustics of Solids. Springer-Verlag, Berlin 1988.
[2.10]   M. C. Junger, D. Feit: Sound, Structures and Their Interaction.
         MIT Press, Cambridge, Massachusetts 1986.
[2.11]   J. W. S. Rayleigh: The Theory of Sound. Nachdruck der 2. Auf-
         lage von 1894 (2 Bände), Dover Publications, New York 1945.
[2.12]   F. J. Fahy: Sound and Structural Vibration: Radiation, Trans-
         mission and Response. Academic Press, London 1985.
[2.13]   L. Cremer, M. Heckl: Structure-Borne Sound: Structural Vibra-
         tions and Sound Radiation at Audio Frequencies. Translated
         and revised by E. E. Ungar. Springer-Verlag, Berlin 1988.
[2.14]   F. P. Mechel: Schallabsorber, Band I. Hirzel-Verlag, Stuttgart
         1989.
[2.15]   C. J. Bouwkamp: A contribution to the theory of acoustic ra-
         diation. Philips Res. Rep. 1 (1946) 251–277.
[2.16]   I. N. Bronstein, K. A. Semendjajew: Taschenbuch der Mathe-
         matik. Harri Deutsch, Zürich 1970.
[2.17]   L. Gavrić, X. Carniel, G. Pavić : Structure-borne intensity fields

in plates, beams and plate-beam assemblies. In [1.12], p. 223–230.

[2.18]   H. Kutter-Schrader: Einsatz der Schallintensitätsmessung zur Analyse transient emittierender Schallquellen – Grundsätzliche Betrachtungen und Meßbeispiele. In: Verein Deutscher Ingenieure (Hrsg.): Schalltechnik '88, Aktueller Stand der Intensitätsmeßtechnik. VDI-Berichte 678, VDI-Verlag, Düsseldorf 1988, 207–223.

[2.19]   P. W. Smith, T. J. Schultz, C. I. Malme: Intensity measurement in near fields and reverberant spaces. Bolt, Beranek and Newman, Inc., Report No.1135 (1964).

[2.20]   J.-C. Pascal: Mesure de l'intensité active et réactive dans différents champs acoustique. In [1.10], p. 11–19.

[2.21]   G. W. Elko, J. Tichy: Measurement of the complex acoustic intensity and the acoustic energy density. Proc. Inter-Noise '84, Honolulu, USA (1984) 1061–1064.

[2.22]   J.-C. Pascal: Structure and patterns of acoustic intensity fields. In [1.11], p. 97–104.

[2.23]   J.-C. Pascal, J. Lu: Advantage of the vectorial nature of acoustic intensity to describe sound fields. Proc. Inter-Noise '84, Honolulu, USA (1984), 1111–1114.

[2.24]   J.-C. Pascal, C. Carles: Systematic measurement errors with two microphone sound intensity meters. J. Sound Vib. 83 (1982) 53–65.

[2.25]   J. A. Mann III, J. Tichy, A. J. Romano: Instantaneous and time-averaged energy transfer in acoustic fields. J. Acoust. Soc. Am. 82 (1987) 17–30.

[2.26]   W. Maysenhölder: Some didactical and some practical remarks on free plate waves. J. Sound Vib. 118 (1987) 531–538.

[2.27]   E. Kröner: Vorlesung über Mechanik, Teil IIb. Universität Stuttgart 1970.

[2.28]   D. Quinlan: Adaptation of the four channel technique to the measurement of power flow in structures. In [1.11], p. 227–234.

[2.29]   D. Quinlan: Measurement of power flow and other energy quantities within plates. Proc. Inter-Noise '85, München (1985) 1259–1262.

[2.30]   D. Quinlan: Measurement of Complex Intensity and Potential Energy Density in Structural Bending Waves. Masters Thesis in Acoustics, The Pennsylvania State University, USA, 1985.

[2.31]   J. W. S. Rayleigh: On progressive waves. Proc. London Math. Soc. 9 (1877) 21. Nachgedruckt in [2.11], Vol.1, p. 475–480.

[2.32]   G. F. J. Temple, W. G. Bickley: Rayleigh's Principle and Its Applications to Engineering. Oxford University Press, London 1933.

[2.33] A. D. Pierce: The natural reference wavenumber for parabolic approximations in ocean acoustics. Comp. Maths. with Appls. 11 (1985) 831–841.

[2.34] M. J. Lighthill: Group velocity. J. Inst. Maths. Appls. 1 (1965) 1–28.

[2.35] M. A. Biot: General theorems on the equivalence of group velocity and energy transport. Phys. Rev. 105 (1957) 1129–1137.

[2.36] G. B. Whitham: A general approach to linear and non-linear dispersive waves using a Lagrangian. J. Fluid Mech. 22 (1965) 273–283.

[2.37] G. Pavić: Energy flow induced by structural vibrations of elastic bodies. In [1.12], p. 21–28.

[2.38] V. D. Belov, S. A. Rybak, B. D. Tartakovskii: Propagation of vibrational energy in absorbing structures. Sov. Phys. Acoust. 23 (1977) 115–119.

[2.39] I. A Butlitskaya, A. I. Vyalyshev, B. D. Tartakovskii: Propagation of vibrational and acoustic energy along a structure with losses. Sov. Phys. Acoust. 29 (1983) 333–334.

[2.40] A. S. Nikiforov: Estimating the intensity of structure-borne noise in ribbed structures. In [1.12], p. 53–56.

[2.41] O. Bouthier, R. Bernhard, C. Wohlever: Energy and structural intensity formulations of beam and plate vibrations. In [1.12], p. 37–44.

[2.42] Y. Lase, L. Jezequel: Analysis of a dynamic system based on a new energetic formulation. In [1.12], p. 145–150.

[2.43] G. Maidanik, J. Dickey: On the relationship between energy density and net power (intensity) in coupled one-dimensional dynamic systems. In [1.12], p. 151–156.

[3.1]   I. N. Sneddon (ed.): Encyclopaedic Dictionary of Mathematics for Engineers and Applied Scientists. Pergamon Press, Oxford 1976.

[3.2]   A. S. Besicovitch: Almost Periodic Functions. Dover Publications, New York 1954.

[3.3]   H.-S. Tuan: On bulk waves excited at a groove by Rayleigh waves. J. Appl. Phys. 46 (1975) 36–41.

[3.4]   S. V. Biryukov: Rayleigh-wave scattering by two-dimensional surface corrugations in oblique incidence. Sov. Phys. Acoust. 26 (1980) 272–276.

[3.5]   S. R. Seshadri: Energy transport velocity of surface elastic waves. J. Appl. Phys. 54 (1983) 1699–1703.

[3.6]   W. Maysenhölder: Rigorous computation of plate-wave intensity. Acustica 72 (1990) 166–179.

[3.7]   T. R. Meeker, A. H. Meitzler: Guided wave propagation in elongated cylinders and plates. In: W. P. Mason (ed.): Physical Acoustics, Vol. 1A, Academic Press, New York 1964, p. 111–167.

[3.8]   J. Spanier, K. B. Oldham: An Atlas of Functions. Hemisphere Publishing Corporation, Washington 1987.

[3.9]   M. Abramowitz, I.A. Stegun: Handbook of Mathematical Functions. Dover Publications, New York, eighth Dover Printing (o.J.).

[3.10]   I. S. Gradshteyn, I. M. Ryzhik: Table of Integrals, Series and Products. Academic Press, Orlando 1980.

[3.11]   D. C. Gazis: Three-dimensional investigation of the propagation of waves in hollow circular cylinders. I. Analytical Foundation. J. Acoust. Soc. Am. 31 (1959) 568–573.

[3.12]   A. D. Pierce: Structural intensity and vibrational energy flow on inhomogeneous shells of arbitrary shape. In [1.12] p. 121–128.

[3.13]   F. I. Niordson: Shell Theory. North-Holland, Amsterdam 1985.

[3.14]   G. Pavić: Vibrational energy flow in elastic circular cylindrical shells. J. Sound Vib. 142 (1990) 293–310.

[3.15]   E. G. Williams: Structural intensity in thin cylindrical shells. J. Acoust. Soc. Am. 89 (1991) 1615–1622.

[3.16]   J. Schwarte: Automatische Herleitung von Näherungsformeln für Schalenschwingungen. Z. angew. Math. Mech. 71 (1991) T91–T94.

[4.1]   C. Teodosiu: Elastic Models of Crystal Defects. Springer-Verlag, Berlin 1982.

[4.2]   G. Leibfried, N. Breuer: Point Defects in Metals I. Introduction to the Theory. Springer-Verlag, Berlin 1978.

[4.3]   P. S. Theocaris, T. P. Philippidis: Spectral decomposition of compliance and stiffness fourth-rank tensors suitable for orthotropic materials. Z. angew. Math. Mech. 71 (1991) 161–171.

[4.4]   J. B. Boehler (ed.): Applications of Tensor Functions in Solid Mechanics. Springer-Verlag, Wien 1987.

[4.5]   M. J. P. Musgrave: Elastic waves in anisotropic media. In: I. N. Sneddon (ed.): Progress in Solid Mechanics, Vol.II. North-Holland, Amsterdam 1961, p. 61–85.

[4.6]   R. F. S. Hearmon: An Introduction to Applied Anisotropic Elasticity. Oxford University Press 1961.

[4.7]   J. L. Synge: Elastic waves in anisotropic media. J. Math. Phys. 35 (1957) 323–334.

[4.8]   W. Maysenhölder: The Eshelby tactor for cubic crystals with arbitrary elastic anisotropy. Phys. Lett. 100A (1984) 289–292.

[4.9]   K. Helbig, M. Schoenberg: Anomalous polarization of elastic waves in transversely isotropic media. J. Acoust. Soc. Am. 81 (1987) 1235–1245.

[4.10]   P. C. Waterman: Orientation dependence of elastic waves in single crystals. Phys. Rev. 113 (1959) 1240–1253.

[4.11]   A. N. Norris: A theory of pulse propagation in anisotropic elastic solids. Wave Motion 9 (1987) 509–532.

[4.12]   R. Stoneley: The propagation of surface waves in a cubic crystal. Proc. Roy. Soc. Lond. A232 (1955) 447–458.

[4.13]   G. W. Farnell: Properties of elastic surfaces waves. In: W. P. Mason, R. N. Thurston (eds.): Physical Acoustics, Vol.VI. Academic Press, New York 1970.

[4.14]   I. A. Viktorov: Rayleigh and Lamb Waves. Plenum Press, New York 1967.

[4.15]   S. A. Gundersen, L. Wang, J. Lothe: Secluded supersonic elastic surface waves. Wave Motion 14 (1991) 129–143.

[4.16]   R. M. Taziev: Dispersion relation for acoustic waves in an anisotropic elastic halfspace. Sov. Phys. Acoust. 35 (1989) 535–538.

[4.17]   J. L. Synge: Flux of energy for elastic waves in anisotropic media. Proc. Roy. Irish Acad. A58 (1956) 13–21.

[4.18]   I. Abubakar: Free vibrations of a transversely isotropic plate. Q. J. Mech. Appl. Math. 15 (1962) 129–136.

[4.19]   S. A. Markus: Low-frequency approximations for zero-order normal modes in anisotropic plates. Sov. Phys. Acoust. 33 (1987) 634–636.

[5.1]   W. T. Thomson: Theory of Vibration with Applications. Prentice-Hall, Englewood Cliffs, New Jersey (USA) 1981.

[5.2]   C. Kittel: Einführung in die Festkörperphysik. Oldenbourg, München, und Wiley, Frankfurt a.M. 1973.

[5.3]   C. Kittel: Quantum Theory of Solids. Wiley, New York 1963.

[5.4]   J. M. Ziman: Prinzipien der Festkörpertheorie. Harri Deutsch, Zürich 1975.

[5.5]   F. Bloch: Über die Quantenmechanik der Elektronen in Kristallgittern. Z. Physik, 52 (1928) 555–600.

[5.6]   G. Floquet: Sur les équations différentielles linéaires à coefficients périodiques. Ann. Ecole Norm. Ser. 2, 12 (1883) 47–89.

[5.7]   L. Brillouin: Wave Propagation in Periodic Structures. Dover Publications, New York 1953.

[5.8]   P. Sheng, R. Tao: First-principles approach for effective elastic-moduli calculation: Application to continuous fractal structure. Phys. Rev. B 31 (1985) 6131–6133.

[5.9]   R. Tao, P. Sheng: First-principle approach to the calculation of elastic moduli for arbitrary periodic composites. J. Acoust. Soc. Am. 77 (1985) 1651–1658.

[5.10] W. Maysenhölder: Theoretische Grundlagen für die Körperschallausbreitung in gemauerten Wänden (Teil 1). Fraunhofer-Institut für Bauphysik – IBP – (Hrsg.). Stuttgart, 1988. (IBP-Bericht BS 194/88).

[5.11] J. L. Ericksen, D. Kinderlehrer, R. Kohn, J.-L. Lions (eds.): Homogenization and Effective Moduli of Materials and Media. The IMA Volumes in Mathematics and Its Applications, Vol.1, Springer-Verlag, New York 1986.

[5.12] E. Sanchez-Palencia, A. Zaoui (eds.): Homogenization Techniques for Composite Media. Lectures delivered at the CISM International Center for Mechanical Sciences, Udine, Italy, July 1–5, 1985. Lecture Notes in Physics 272, Springer-Verlag, Berlin 1987.

[5.13] W. Maysenhölder: Körperschallintensitäten und -energiedichten in periodischen Medien. Fortschritte der Akustik – DAGA'89, Bad Honnef: DPG-GmbH 1989, 463–466.

[5.14] W. Maysenhölder: Körperschallintensitäten und -energiedichten in periodischen Medien. Fraunhofer-Institut für Bauphysik – IBP – (Hrsg.). Stuttgart: IRB-Vlg., 1989. (IBP-Mitteilung; 187).

[5.15] W. Maysenhölder: Analytische Berechnung der Schallgeschwindigkeit in eindimensionalen periodischen Medien für den Grenzfall tiefer Frequenzen. Fortschritte der Akustik – DAGA'90, Bad Honnef: DPG-GmbH; Wien: IAP-TU 1990, 647–650.

[5.16] C.-T. Sun, J. D. Achenbach, G. Herrmann: Continuum theory for a laminated Medium. J. Appl. Mech. 35 (1968) 467–475.

[5.17] W. Maysenhölder: Erster experimenteller Nachweis eines Sperrbandes für Dickenschwingungen in einer gemauerten Wand. Fraunhofer-Institut für Bauphysik – IBP – (Hrsg.). Stuttgart, 1991. (IBP-Bericht B-BA 3/1991).

[6.1] L. Gavrić, G. Pavić: Computation of structural intensity in beam-plate structures by numerical modal analysis using FEM. In [1.12], p. 207–214.

[6.2] S. A. Hambric: Influence of different wave motion types on finite element power flow calculations. In [1.12], p. 215–222.

[6.3] G. Rosenhouse: Acoustic wave propagation in bent thin-walled wave guides. J. Sound Vib. 67 (1970) 469–486.

[6.4] G. Rosenhouse, H. Ertel: Theoretical models for investigation of sound transmission through isolation layers in staircase systems. Appl. Acoust. 16 (1983) 51–66.

[6.5]   G. Rosenhouse, F. P. Mechel: The Application of the Wave Coupling Method for Analysis of the Effect of Joints on Sound Transmission in Buildings. Fraunhofer-Institut für Bauphysik – IBP – (Hrsg.). Stuttgart, 1984. (IBP-Bericht BS 95/84).

[6.6]   W. Maysenhölder: Swinging Graph. Unveröffentlichtes FORTRAN-Programm. Fraunhofer-Institut für Bauphysik, Stuttgart 1986.

[6.7]   D. W. Miller, A. v. Flotow: A travelling wave approach to power flow in structural networks. J. Sound Vib. 128 (1989) 145–162.

[6.8]   J. L. Horner, R. G. White: Prediction of vibrational power transmission through jointed beams. Int. J. Mech. Sciences 32 (1990) 215–223.

[6.9]   J. L. Horner, R. G. White: Prediction of vibrational power transmission through bends and joints in beam-like structures. J. Sound Vib. 147 (1991) 87–103.

[6.10] D. Lyon: Statistical Energy Analysis. The M.I.T. Press, Cambridge MA (USA) 1975.

[6.11] F. J. Fahy, R. G. White: Statistical energy analysis and vibrational power flow. In [1.12], p. 29–34.

[6.12] M. V. Jaric (ed.): Aperiodicity and Order. Academic Press, Boston. Vol.1: Introduction to Quasicrystals (1988) Vol.2: Introduction to the Mathematics of Quasicrystals (1989)

[6.13] M. V. Jaric, S. Lundqvist (eds.): Proceedings of the Anniversary Adriatico Research Conference on Quasicrystals, ICTP, Trieste, Italy, 1989. World Scientific, Singapore 1990.

[6.14] B. B. Mandelbrot: The Fractal Geometry of Nature. W.H. Freeman and Company, New York 1983.

[6.15] S. I. Rokhlin, T. K. Bolland, L. Adler: Reflection and refraction of elastic waves on a plane interface between two generally anisotropic media. J. Acoust. Soc. Am. 79 (1986) 906–918.

[6.16] J. N. Reddy: On refined computational models of composite laminates. Int. J. Num. Meth. Eng. 27 (1989) 361–382.

[6.17] A. H. Nayfeh: The general problem of elastic wave propagation in multi-layered anisotropic media. J. Acoust. Soc. Am. 89 (1991) 1521–1531.

[6.18] W. T. Thomson: Transmission of elastic waves through a stratified solid medium. J. Appl. Phys. 21 (1950) 89–93.

[6.19] J. H. M. T. van der Hijden: Propagation of Transient Elastic Waves in Stratified Anisotropic Media. North-Holland, Amsterdam 1987.

[6.20] I. Lerche: Acoustic head-wave arrival times in anisotropic media. J. Acoust. Soc. Am. 82 (1987) 319–323.

[6.21] A. N. Norris: Gaussian wave packets in linear and nonlinear anisotropic solids. In: M. F. McCarthy, M. A. Hayes (eds.): Elastic Wave Propagation. North-Holland, Amsterdam 1989, p. 491–504.

[6.22]   W. M. Ewing, W. S. Jardetzky, F. Press: Elastic Waves in Layered Media. McGraw-Hill, New York 1957.

[6.23]   L. M. Brekhovskikh: Waves in Layered Media. Academic Press, New York 1960; Second Edition 1980.

[6.24]   L. M. Brekhovskikh, O.A. Godin: Acoustics of Layered Media I: Plane and Quasi-Plane Waves. Springer-Verlag, Berlin 1990.

[6.25]   Z. Kotulski: Wave propagation in a randomly stratified medium. J. Sound Vib. 128 (1989) 195–208.

[6.26]   R. M. Christensen: Mechanics of Composite Materials. Wiley, New York 1979.

[6.27]   J. R. Willis: Variational and related methods for the overall properties of composite materials. In: C.-S. Yih (ed.): Advances in Applied Mechanics, Vol. 21, Academic Press, New York 1981, p. 1–78.

[6.28]   E. Kröner: Bounds for effective elastic moduli of disordered materials. J. Mech. Phys. Solids 25 (1977) 137–155.

[6.29]   Y. Kantor, D. Bergmann: Improved rigorous bounds on the effective elastic moduli of a composite material. J. Mech. Phys. Solids 32 (1984) 41–62.

[6.30]   A. Bensoussan, J.-L. Lions, G. Papanicolaou: Asymptotic Analysis for Periodic Structures. North-Holland, Amsterdam 1978.

[6.31]   F. Devries, H. Dumontet, G. Duvaut, F. Lene: Homogenization and damage for composite structures. Int. J. Num. Meth. Eng. 27 (1989) 285–298.

[6.32]   P. Sheng: Microstructures and physical properties of composites. In [5.11], p. 196–227.

[6.33]   G. C. Gaunaurd, W. Wertman: Comparison of effective medium theories for inhomogeneous continua. J. Acoust. Soc. Am. 85 (1989) 541–554.

[6.34]   G. C. Gaunaurd, W. Wertman: Comparison of effective medium and multiple scattering theories of predicting the ultrasonic properties of dispersions: A reexamination of results. J. Acoust. Soc. Am. 87 (1990) 2246–2248.

[6.35]   D. Sornette: Acoustic waves in random media. I. Weak disorder regime. Acustica 67 (1989) 199–215.

[6.36]   D. Sornette: Acoustic waves in random media. II. Coherent effects and strong disorder regime. Acustica 67 (1989) 251–265.

[6.37]   D. Sornette: Acoustic waves in random media. III. Experimental situations. Acustica 68 (1989) 15–25.

[6.38]   P. W. Anderson: Absence of diffusion in certain random lattices. Phys. Rev. 109 (1958) 1492–1505.

[6.39]   C. H. Hodges: Confinement of vibration by structural irregularity. J. Sound Vib. 82 (1982) 411–424.

[6.40]   C. H. Hodges, J. Woodhouse: Vibration isolation from irregularity in a nearly periodic structure: Theory and measurements. J. Acoust. Soc. Am. 74 (1983) 894–905.

[6.41]   C. H. Hodges, J. Woodhouse: Confinement of vibration by one-dimensional disorder, I: Theory of ensemble averaging. J. Sound Vib. 130 (1989) 237–251.

[6.42]   C. H. Hodges, J. Woodhouse: Confinement of vibration by one-dimensional disorder, II: A numerical experiment on different ensemble averages. J. Sound Vib. 130 (1989) 253–268.

[6.43]   S. He, J. D. Maynard: Detailed measurements of inelastic scattering in Anderson localization. Phys. Rev. Lett. 57 (1986) 3171–3174.

[6.44]   C. Pierre: Mode localization and eigenvalue loci veering phenomena in disordered structures. J. Sound Vib. 126 (1988) 485–502.

[6.45]   C. Pierre: Weak and strong vibration localization in disordered structures: a statistical investigation. J. Sound Vib. 139 (1990) 111–132.

[6.46]   G. M. Romack, R. L. Weaver: Monte Carlo studies of multiple scattering of waves in onedimensional random media. J. Acoust. Soc. Am. 87 (1990) 487–494.

[6.47]   C. Dépollier, J. Kergomard, F. Laloe: Localisation d'Anderson des ondes dans les réseaux acoustiques unidimensionnels aléatoires. Ann. Phys. Fr. 11 (1986) 457–492.

[6.48]   J.-P. Desideri, L. Macon, D. Sornette: Observation of critical modes in quasiperiodic systems. Phys. Rev. Lett. 63 (1989) 390–393.

[6.49]   L. Macon, J.-P. Desideri, D. Sornette: Surface acoustic waves in a simple quasiperiodic system. Phys. Rev. B 40 (1989) 3605–3615.

[6.50]   R. L. Weaver: Anderson localization of ultrasound. Wave Motion 12 (1990) 129–142.

[6.51]   W. Xue, P. Sheng, Q.-J. Chu, Z.-Q. Zhang: Localization transition in Media with anisotropic diagonal disorder. Phys. Rev. Lett. 63 (1989) 2837–2840.

[6.52]   P. Sheng (ed.): Scattering and Localization of Classical Waves in Random Media. World Scientific, Singapore 1989.

[6.53]   S. I. Rokhlin, T. K. Bolland, L. Adler: High-frequency ultrasonic wave propagation in polycrystalline materials. J. Acoust. Soc. Am. 91 (1992) 151–165.

[6.54]   E. A. Skelton, J. H. James: Acoustics of anisotropic planer layered media. J. Sound Vib. 152 (1992) 157–174.

[6.55]   A. A. Ruffa: Acoustic wave propagation through periodic bubbly liquids. J. Acoust. Soc. Am. 91 (1992) 1–11.

[C.1]   H. Goldstein: Klassische Mechanik. Akademische Verlagsgesellschaft, Frankfurt a.M. 1972.

[D.1]   J. Stoer, R. Bulirsch: Einführung in die numerische Mathematik II. Springer Verlag, Berlin 1978.
[D.2]   W. H. Press, B. P. Flannery, S. A. Teukolsky, W. T. Vetterling: Numerical Recipes; The Art of Scientific Computing. Cambridge University Press, Cambridge 1986.

[Z.1]   Proc. 4th Int. Congress on Intensity Techniques; Structural Intensity and Vibrational Energy Flow. Centre Technique des Industries Mécanique, Senlis (Frankreich) 1993.
[Z.2]   Y. I. Bobrovnitskii: Determination of structure-borne energy flow from surface conditions. In [Z.1], p. 3–12.
[Z.3]   K. Uller: Grundlegung der Kinematik einer physikalischen Welle von elementarer Schwingungsform. I. Physik. Zeitschr. XVII (1916) 168–172.
[Z.4]   J. Linjama: Characterization of structural vibration. Field descriptors based on energy density and intensity. VTT Publications 152, Technical Research Centre of Finland, Espoo 1993.
[Z.5]   J. Linjama: Bending wave field descriptors – additional information from the two-transducer intensity measurment. In [Z.1], p. 289–296.
[Z.6]   K. S. Alfredsson: Influence of local damping on active and reactive mechanical power flow. In [Z.1], p. 71–78.
[Z.7]   A. Carcaterra, A. Sestieri: Power flow investigation in dynamic continuous systems. In [Z.1], p. 355–362.
[Z.8]   A. Carcaterra, A. Sestieri: An approximate power flow solution for one-dimensional dynamic structures. In [Z.1], p. 363–370.
[Z.9]   I. Tolstoy, E. Usdin: Wave propagation in elastic plates: low and high mode dispersion. J. Acoust. Soc. Am. 29 (1957) 37–42.
[Z.10] L. Wang, J. Lothe: Simple reflection in anisotropic elastic media and its relation to exceptional waves and supersonic surface waves. I: General theoretical considerations. Wave Motion 16 (1992) 89–99.
[Z.11] L. Wang, J. Lothe: Simple reflection in anisotropic elastic media and its relation to exceptional waves and supersonic surface waves. II: Examples. Wave Motion 16 (1992) 101–112.
[Z.12] M. A. G. Silva: Study of pass and stop bands of some periodic composites. Acustica 75 (1991) 62–68.

[Z.13]   M. M. Sigalas, E. N. Economou: Elastic and acoustic wave band structure. J. Sound Vib. 158 (1992) 377–382.

[Z.14]   A. M. B. Braga, G. Herrmann: Floquet waves in anisotropic periodically layered composites. J. Acoust. Soc. Am. 91 (1992) 1211–1227.

[Z.15]   P. Lanceleur, H. Ribeiro, J.-F. DeBelleval: The use of inhomogeneous waves in the reflection-transmission problem at a plane interface between two anisotropic media. J. Acoust. Soc. Am. 93 (1993) 1882–1892.

[Z.16]   E. V. Glushkov, N. V. Glushkova, E. V. Kirillova: Acoustic energy flux lines in an elastic layer. Sov. Phys. Acoust. 36 (1990) 225–227.

[Z.17]   V. A. Babeshko, E. V. Glushkov, N. V. Glushkova: Energy vortices and backward fluxes in elastic waveguides. Wave Motion 16 (1992) 183–192.

[Z.18]   P. W. Anderson: The question of classical localization: a theory of white paint? Phil. Mag. B52 (1985) 505–509.

Namensverzeichnis

Stichwortverzeichnis